迷人的岩石

岩石

地球的珍宝盒

马志飞 著

机械工业出版社
CHINA MACHINE PRESS

本书为“迷人的岩石”系列丛书中的一册，它为小读者讲述岩石里蕴藏的宝藏。从岩层中储存的与生活息息相关的煤、石油等，到各种金属和非金属矿产，再到岩石里那些璀璨夺目的宝石、玉石，这些宝藏怎么会进入岩层中，又是如何来到了我们身边？这些有趣的问题，小读者都可以在书中找到答案。

本书共六章：第一章讲述矿山里的财富，比如煤（能源矿产）、金子（金属矿产）、滑石（非金属矿产）等；第二章展示晶莹剔透的宝石，比如钻石、祖母绿、金绿宝石等；第三章讲述中国人情有独钟的玉石，比如翡翠、和田玉等；第四章讲述园林里的景观石，比如太湖石、灵璧石、英德石；第五章讲述手心里的观赏石，比如玛瑙、寿山石、鸡血石等；第六章讲述国宝迷踪，揭开传说中那些价值连城的名石背后的神秘面纱。

本书适合 7—12 岁的小读者阅读，他们可在书中打开岩石这个珍宝盒，看到来自地下岩层中的奇特宝藏，知晓奇珍异宝背后的故事，破解隐藏在岩石珍宝中的地理秘密。

图书在版编目（CIP）数据

岩石：地球的珍宝盒/马志飞著. —北京：机械工业出版社，2023. 12
（迷人的岩石）
ISBN 978-7-111-74802-1

Ⅰ. ①岩…　Ⅱ. ①马…　Ⅲ. ①岩石-地貌-少儿读物　Ⅳ. ①P931.2-49

中国国家版本馆 CIP 数据核字（2024）第 037937 号

机械工业出版社（北京市百万庄大街22号　邮政编码100037）
策划编辑：陈美鹿　　责任编辑：陈美鹿
责任校对：郑　婕　薄萌钰　韩雪清　　责任印制：任维东
北京瑞禾彩色印刷有限公司印刷
2024年3月第1版第1次印刷
169mm×239mm・10.5印张・104千字
标准书号：ISBN 978-7-111-74802-1
定价：70.00 元

电话服务
客服电话：010-88361066
010-88379833
010-68326294

网络服务
机　工　官　网：www.cmpbook.com
机　工　官　博：weibo.com/cmp1952
金　　书　　网：www.golden-book.com
机工教育服务网：www.cmpedu.com

前言

PREFACE

地球是全人类赖以生存的唯一家园，它就像母亲一样，为我们提供了生存所需要的资源和条件。在我们的脚下，是一个巨大的资源宝库，里面蕴藏着无穷无尽的宝藏。其中的每一块岩石都仿佛是令人期待的珍宝盒，只有你慢慢读懂它，才能随时随地打开它，找到其中隐藏了数亿年、甚至数十亿年的秘密，收获意想不到的惊喜。

岩石里藏着财富，源源不断开采出来的能源和矿产，为经济社会发展提供不竭的动力源泉和重要的物质基础；人们从中发现了数百种璀璨夺目的宝石和价值连城的玉石，它们是自然的瑰宝，更是人类文明的象征。

岩石里有无穷的乐趣，“赏石达人”苏轼、白居易、米芾以石为友，为石疯狂，留下了许多脍炙人口的趣闻。岩石里还藏着历史，和氏璧、传国玉玺、夜光杯、飘香石、火浣布……这些被淹没在历史长河中的传奇国宝，给我们留下了许多未解之谜。

本书将带你走进岩石的宝藏，探寻岩石中那些令人着迷的奇珍异宝，倾听岩石背后那些匪夷所思的奇闻轶事，破解岩石留给我们的那些扑朔迷离的谜团。

目录

CONTENTS

四 园林里的景观石

五 手心里的观赏石

六 国宝迷踪

一

矿山里的财富

1. 能源矿产

我们的生活一刻也离不开能源，烧火做饭需要燃气，开灯照明需要用电，汽车行驶需要汽油，工厂运转需要机械动力。正是因为我们能够从自然界源源不断地获取能源，才保障了衣食住行、生产劳动。能源有很多不同的种类，包括风能、水能、核能、太阳能、地热能以及从地下开采的燃料，其中，煤炭、石油和天然气等矿产仍然是最重要的能源。

工业的粮食——煤炭

煤炭是一种非常重要的燃料，被誉为“黑色的金子”“工业的粮食”。它是远古时代有机物的遗体，经过生物及化学的变质作用而形成的。成煤的原始物质主要是植物，分为高等植物和低等植物两大类，其中高等植物的构造比较复杂，是成煤的主体，通常生长在陆地上或浅水沼泽地带；低等植物主要是各种藻类，构造简单，大多生长在深水沼泽、湖泊以及浅海中。

按照煤炭里所含物质成分的不同，我们将它划分为褐煤、烟煤和无烟煤三大类。其中，褐煤呈黑褐色，含有较多的水分，含碳量较低，是一种低热质的煤炭；烟煤是褐煤经地层高压变质的产物，一般为黑色或蓝黑色，而且有光泽，质地细致，含碳量与发热量较高，燃烧时有大量黑烟；无烟煤呈钢灰色，因有金属光泽而发亮，含碳量高，不易着火，但它含杂质较少，燃烧时间较长且冒烟少。

地质学家研究发现，煤炭的形成过程很复杂，但可以简单划分为三个阶段。第一个阶段是植物转变成泥炭的过程。当大量的植物遗体堆积在沼泽地中，隔绝了氧气，细菌不断分解植物的各个部分，渐渐变成淤泥状物质，即泥炭。第二个阶段是由泥炭转变成褐煤的过程。当泥炭层形成以后，沼泽地中低洼的地方逐渐沉积大量泥沙，压迫它底下的泥炭慢慢地失去水分，从而变成了致密的褐煤。第三个阶段是发生变质作用的过程。随着煤层上方的岩层不断加厚，压力和温度也随之升高，其中的化学成分逐渐发生变化，由褐煤转变成烟煤，然后再转变成无烟煤。由此可见，煤炭的形成需要十分苛刻的条件，植物、气候、地理条件缺一不可，除此之外还需要千万年的漫长时间。

无论是哪种类型的煤炭，都是十分宝贵的矿产资源。人们利用煤炭一般是获取它的热量，用来发电，或者作为生产和生活中的燃料，也可以用来炼焦炭。由于煤炭是一种复杂的混合物，其中富含大量的碳、氢、氧、氮、硫等元素，以及一些放射性和稀有元素如铀、锗、镓等，经过化学加工，我们可以用煤炭制造出许多化学产品，包括汽油、煤油、柴油、尿素等。

地球上煤炭资源储量极其丰富，遍布世界上 70 多个国家和地区的大陆、大洋岛屿。但是，这种分布很不均衡，目前已经探明的煤炭资源主要集中在亚洲、欧洲和北美洲，而南半球则储量较少，仅澳大利亚、南非等国家有较大的煤田。

从矿井中开采出来的煤炭

工业的血液——石油

石油是世界上最重要的能源之一，用途十分广泛，被称为“工业的血液”。经过提炼加工，石油可以变成汽油、煤油、柴油等，作为航空、汽车等发动机的燃料来使用；或者提炼成润滑油，被广泛用于各种机械，用于减少机械零件之间的摩擦；原油蒸馏后的残渣可以成为沥青，用于铺筑道路。

石油是一种复杂的混合物，主要成分是碳和氢，同时含有少量的氧、硫、氮等元素。根据科学家的研究，石油的形成与煤炭的形成类似，都是古代有机物经过漫长的地质作用逐渐形成的，二者的区别在于，煤炭的形成来源于陆地上的植物，而石油的形成则是来源于海洋动物和藻类。

大量的海洋动物和藻类沉积在岩层中，长期处于缺氧状态，在巨大的压力、高温和细菌的作用下，慢慢地变成碳氢化合物。但是，最初形成的石油都是分散的。由于石油是液体，能够沿着岩层中的裂隙慢慢流动，逐渐在一个地方汇聚起来，当遇到顶部具有无法渗透的岩石时（地质学上这叫作“圈闭的构造”），这些汇聚的石油就不再挥发，越聚越多，从而形成油藏。

除此之外，石油的形成还需要合适的温度和足够长的时间。如果温度太低，有机物质的分解变质就不够充分，温度太高则会变成天然气。研究表明，石油的生成至少需要 200 万年的时间，在现今已发现的油藏中，时间最长的可达 5 亿年之久。

世界原油的分布具有一定的规律，主要集中在北纬 20°~40° 和 50°~70° 两个纬度带内，而南半球则较少。石油资源最丰富的地区是中东波斯湾沿岸，这一带的原油探明储量约占世界总储量的三分之二，所以有“世界油库”之称。在大庆油田被发现之前，外国专家考察后断言中国是一个贫油国，但后来的地质勘探表明，我国的石油资源十分丰富。在陆地上，主要的大型油田包括山东省北部渤海之滨的胜利油田、甘肃省玉门市境内的玉门油田、河北省中部冀中平原的华北油田、新疆吐鲁番—哈密盆地的吐哈油田等。在海洋油气资源方面，我国在渤海、黄海、东海及南海北部大陆架都发现了多处含油沉积盆地，总面积近百万平方千米，具有丰富的油气资源。

清洁能源——天然气

天然气是现今世界上最重要的能源之一，它和煤、石油被并称为“三大化石燃料”。天然气总是与石油相伴而生，在有石油的地方一般都会存在天然气。它的来源也是古生物的遗骸，在特定的地理环境下经过地质作用慢慢转化而成。与石油相比，天然气的生成更为容易一些。沉积的有机物质可以经过微生物群体的发酵而生成天然气，也可以是在石油形成的同时一起生成，以气的形式存在于含油层之上。

天然气的主要成分是甲烷，也常含少量乙烷、丙烷、丁烷、戊烷等。与煤炭和石油比起来，天然气称得上是一种清洁能源，因为它燃烧后没有废渣，没有粉尘排放，也几乎没有二氧化硫，能够减少酸雨的形成。

目前，世界上天然气资源丰富的国家是俄罗斯、伊朗和卡塔尔，这 3 个国家的天然气储量占世界总储量的 50% 以上，其次是土库曼斯坦、美国等。

我国也是一个天然气资源丰富的国家，主要分布在中西部地区的盆地，包括塔里木盆地、吐鲁番—哈密盆地、准噶尔盆地、柴达木盆地、鄂尔多斯盆地和四川盆地等。早在 2000 多年前的秦汉时期，蜀郡临邛县（今四川省邛崃市）就已经开始使用天然气。当时的人们在开采盐井的时候，发现从有的井中冒出来的气体竟然可以点着火，于是盐工们就将这种井叫作“火井”，其实那就是早期的天然气井。史料记载，到了三国时期，邛崃的天然气生产逐渐衰退，驻守成都的诸葛亮前往邛崃视察火井，并利用当地的竹子做成了天然气输送管道，形成了规模化生产。

可燃冰

1934年，苏联西伯利亚的一些天然气管道出现了故障，工程师在检修时发现，管道是被一些泥水冻成的冰块堵住了。奇怪的是，当他们把这些脏兮兮的冰块取出来时，发现它们在融化时竟然冒气泡，更不可思议的是，这些气泡还能被点燃。于是，大家称这种奇怪的冰块为“可燃冰”。

其实，可燃冰的学名是“天然气水合物”，它是天然气和水分子结合而成的一种化合物。由于90%以上的天然气水合物主要由甲烷构成，所以也被称为“甲烷水合物”。在这种物质中，甲烷分子被包在水分子组成的笼子之中，甲烷分子与水分子的数量比值随着温度和压强等条件不同而略有变化，但基本固定，约为1∶6。

这么奇怪的东西究竟是如何形成的呢？简单地说，可燃冰是由细菌等微生物形成的，海底的动植物残骸被细菌分解时，生物体内的碳元素和氢元素被合成为大量的甲烷气体并释放出来，但是在海底高压、低温的环境下，甲烷分子被锁进了水分子形成的“笼子”之中，所以就形成了结构独特的笼状结晶化合物，外表上看起来无色透明，像冰块一样。还有一些可燃冰与石油、天然气有关，在板块运动或断层活动的影响下，地层深处的石油、天然气中产生的甲烷气体沿着裂隙上涌，到达海底或陆地上的冻土层之后，与水发生作用，就形成了可燃冰。

在陆地沉积环境中，平均温度低于0℃是形成可燃冰的必要条件，比如西伯利亚和青藏高原的永久冻土层；而在海洋沉积环境中，由于压强增大，水深超过300米时温度低至2℃而且基本恒定，也是形成和保存可燃冰的理想环境，比如大陆边缘区的沉积物中；还有些深层淡水湖底也可能储藏有可燃冰，比如俄罗斯的贝加尔湖。

2. 金属矿产

在地球上，我们能够从中提取金属原料的矿产资源有很多，仅我国已发现的金属矿产就有59种，其中包括黑色金属矿产铁、锰、铬等；有色金属矿产铜、铅、锌等；贵金属矿产金、银、铂等；放射性金属矿产铀、钍等；稀有、稀土及分散元素矿产锂、铍、铌、钽等。它们都是现代工业的重要支柱，也是我们生活的重要基础。以下仅选择我们生活中最常见的几种进行简要介绍。

自然金

黄金是人类最早使用的金属矿产之一，也是人类最喜爱的金属。最初，黄金用来制作贵重的装饰品和生活器具，而后逐渐成为流通的货币，几乎从人类发现它的那一刻起，就成了大家竞相争夺的珍宝。

多种多样的黄金器具

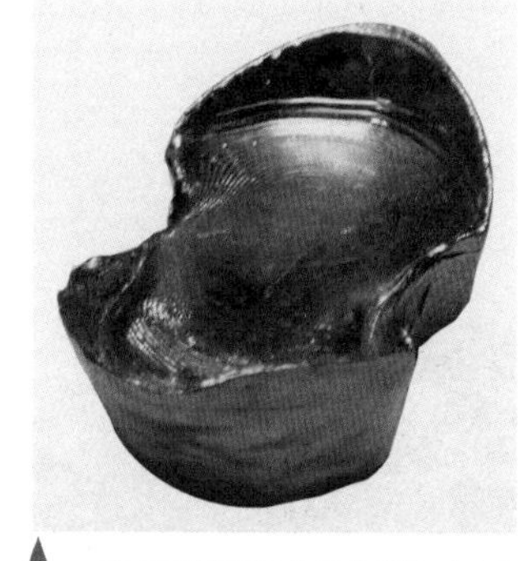

我国明朝时使用的金锭

黄金很少与其他物质形成化合物，在地球上几乎都是以天然形式存在的，被称为“自然金”，矿物颜色和粉末的颜色均为闪亮的金黄色。但这种矿物中时常会含有少量的银和微量的铜，随着银含量的不断增加，颜色会逐渐变为淡黄色；若银的含量超过 15%，就变成了银金矿。

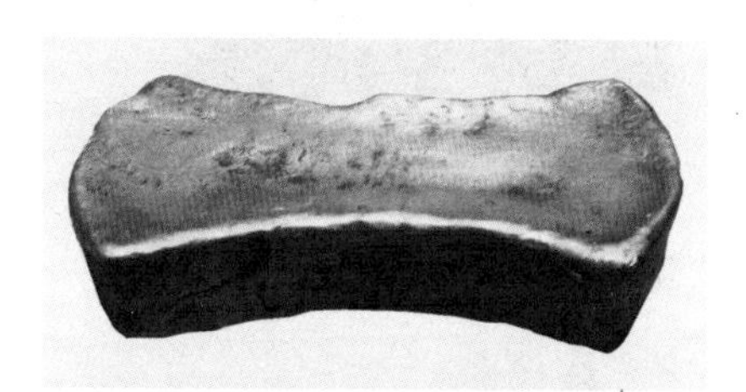

金铤，类似于金锭，是熔铸成条块等固定形状的黄金，重数两至数十两不等

自然金硬度较小，莫氏硬度为 2.5~3.0，具有延展性，一般为分散粒状或不规则树枝状集合体，偶尔能见到较大的块体，可重达数十千克，有人因为它形似狗头而称之为“狗头金”。简单地说，自然

金的产出形式可分为两种，一种是原生金矿，多为脉金，形成于矿脉中，或散布在岩石中；另一种是次生金矿，产于河流或滨海地区的砂矿中，名为“砂金”。按照目前的技术条件，地下矿石中的含金量必须达到 3 克 / 吨以上才具有开采价值。若是露天矿山，达到 1 克 / 吨以上即可。有些富矿中含金量超过了 30 克 / 吨，我们用肉眼就能看到闪闪发光的金子。

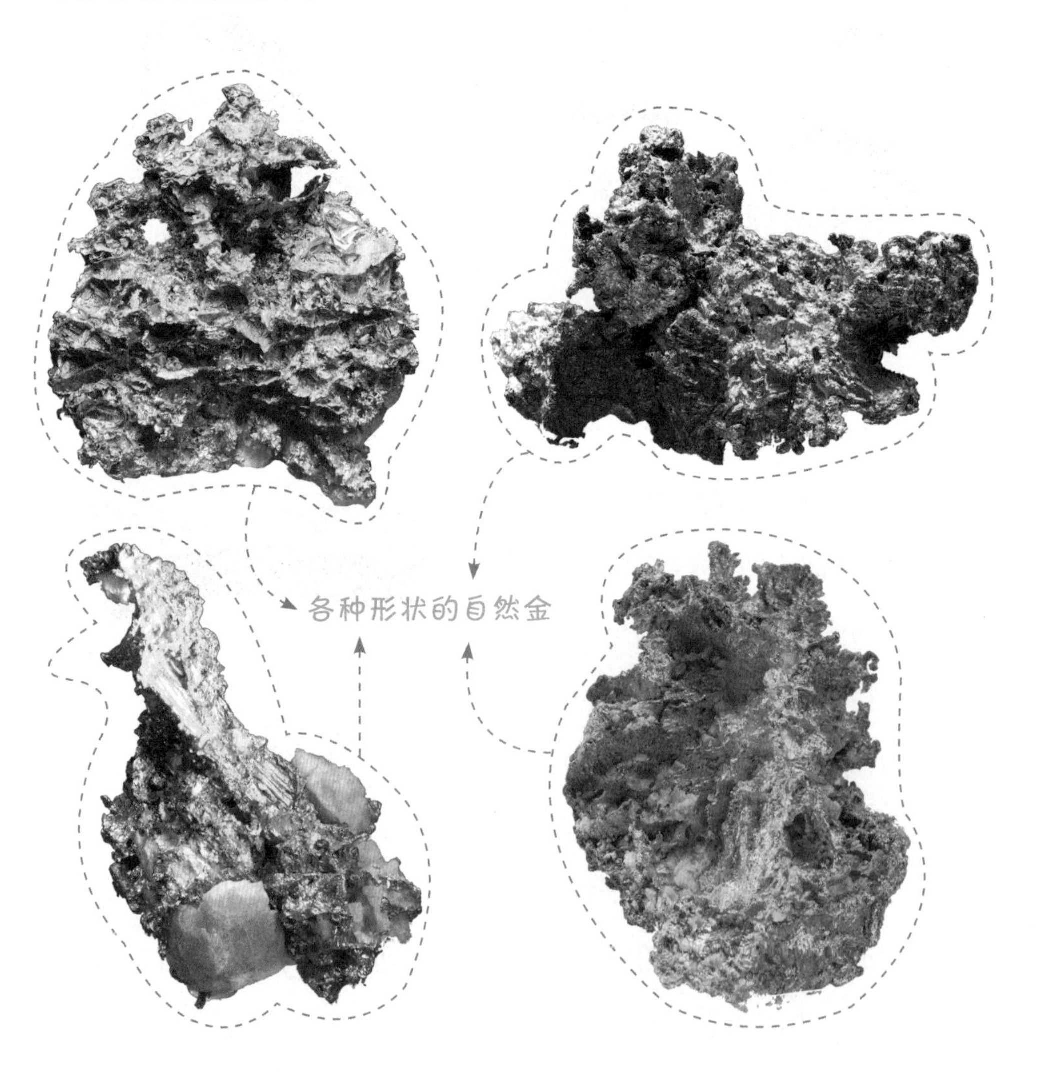

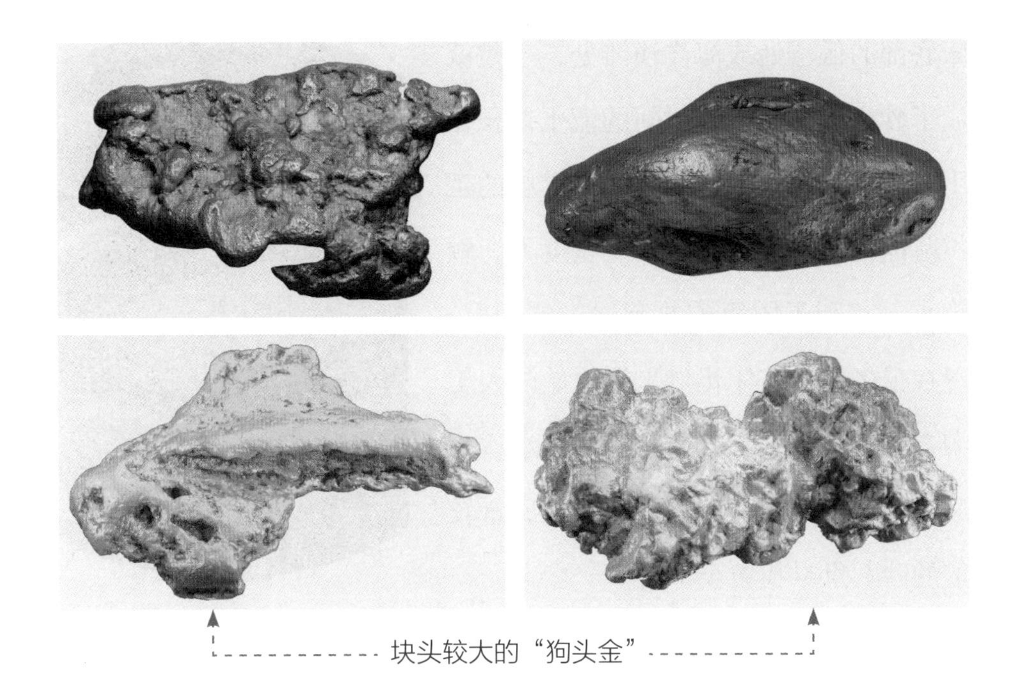

块头较大的“狗头金”

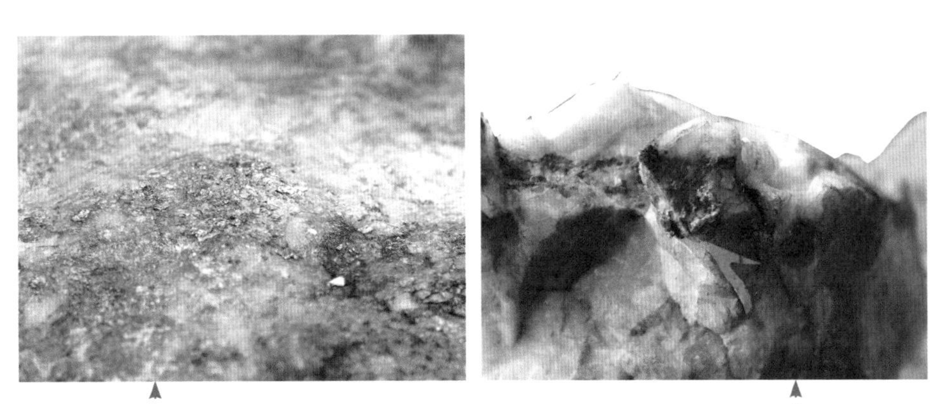

脉金，属于原生金矿，形成于矿脉中，
其中细小的黄金颗粒清晰可见

黄金对化学风化具有较强的抵抗能力，在外界温度变化、流水侵蚀等物理风化作用下岩石变得破碎，原本存在于岩石中的金子的细小颗粒就保留在土壤层中，或是随着流水被冲向远方，沉淀在河床底部的低洼处或海洋浅滩处，于是就成了砂金。砂金在长时间的流水冲积作用下可以距离原生矿床很远，矿层的延长范围很大，但它埋藏浅、密度大、颗粒小，有利于用简单的淘洗工具淘取。现在很多砂金矿床仍然采取原始的人工淘金方式，淘金工人通常利用河水逐步过滤掉质量较轻的砂石，然后在质量较重的砂石里寻找黄金颗粒。

砂金，形成于河流或滨海地区的砂矿中，属于次生金矿

黄铜矿

铜虽然没有黄金贵重，但对于整个人类发展史而言，它的作用比黄金还大，人类从旧石器时代到新石器时代，然后经历了漫长的青铜时代，是铜支撑了人类文明数千年的发展，铜的作用功不可没。如果你有机会走进中国国家博物馆，或许会注意到，馆藏的文物琳琅满目，但数量最多、种类最全的文物当属青铜器。叫得上名字的有青铜壶、青铜鼎、青铜钟、青铜镜，叫不上名字的更是数不胜数。从青铜器的演变，就能一窥早期人类历史的发展历程。

如果仅从价格上对比，在黄金和白银面前，铜都显得“低人一等”，最主要的原因在于铜资源较为丰富。地球上有自然铜、黄铜矿、斑铜矿、辉铜矿、孔雀石、蓝铜矿和赤铜矿等多种矿物，都可以作为炼铜的原材料，而且常见有富集的大型矿床，但最重要、分布最广泛的铜矿石为黄铜矿，主要分布在智利、秘鲁、中国、美国、澳大利亚、刚果、赞比亚、俄罗斯、加拿大和印度尼西亚等国。

考古发现的青铜鼎、青铜镜、青铜编钟以及铜币

考古发现的青铜鼎、青铜镜、青铜编钟以及铜币（续）

黄铜矿可形成于火成岩中，也可形成于变质岩中。它具有与铜类似的外表，呈铜黄色或绿黄色，不透明，有金属光泽，晶体为四面体、八面体或者四方双锥状，但大多见到的是粒状或致密块状的矿物集合体。

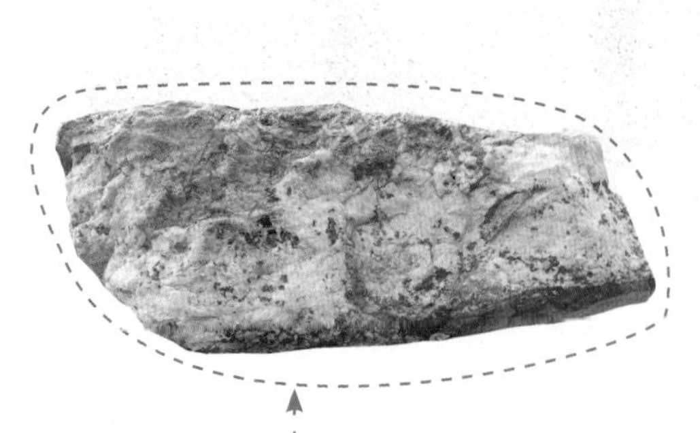

产在石英脉中的黄铜矿

黄铜矿与红水晶共生

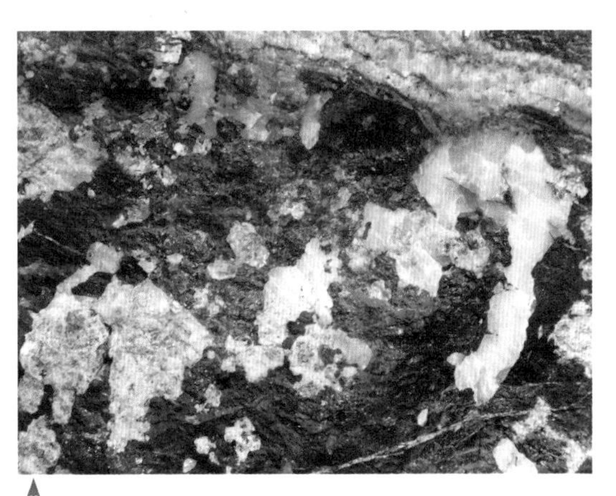

蓝紫色斑铜矿与黄色黄铜矿共生

赤铁矿和磁铁矿

在今天，无论是小小的钉子，还是做饭用的炊具，甚至奔跑的汽车、高耸入云的摩天大楼，都离不开金属铁。它就像是世界的骨骼一样，构架起一个繁华的现代社会。我们真的难以想象，如果没有了铁，生活会变成什么样子。

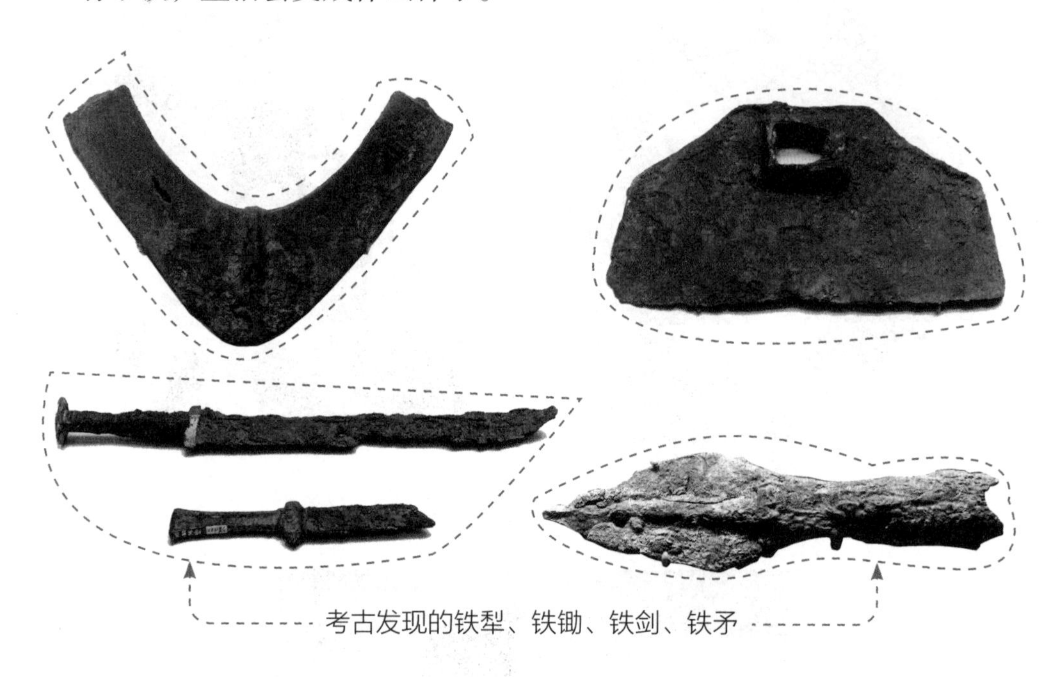

考古发现的铁犁、铁锄、铁剑、铁矛

人们最早认识的铁来自于陨石，因它从天而降，被认为是神圣之物。实际上，铁在地球上的含量十分丰富，约占地壳总质量的5%，是地表中第四大最常见的元素，仅次于氧、硅、铝。与铜相比，铁的使用范围更广泛。纯铁呈黑色或银灰色，但它很容易被氧化，本身并不是特别坚硬。因此，冶炼时常常要在生铁中加入其他金属原料如钨、锰、镍、钒、铬等，以强化它的某些性质，用以获得所需要的各种合金。

现今世界上开采铁矿石的国家约有 50 个，其中最主要的生产国是中国、澳大利亚、巴西、印度、俄罗斯等，所开采的矿石主要是赤铁矿和磁铁矿，其次还有褐铁矿、菱铁矿等。

赤铁矿
肾状赤铁矿
Kidney hematite
磁铁矿

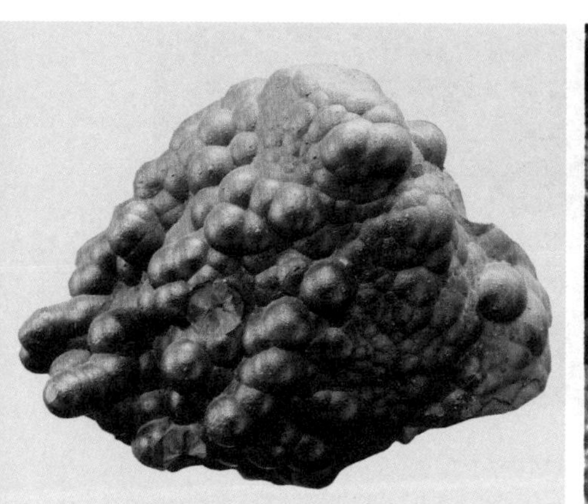

褐铁矿，含铁量低于赤铁矿和磁铁矿，也是一种重要的铁矿石

赤铁矿的成分为氧化铁，呈暗红色，含铁70%，氧30%，主要是铁和氧在海洋或淡水水域中发生化学反应结合而成。目前所知的地球上几乎所有的铁矿石都形成于18亿年前。那时候，海洋中含有丰富的溶解铁，但基本不含溶解氧，当具备光合作用能力的生物开始往水域中释放氧气的时候，水中的氧气很快与溶解铁结合生成赤铁矿，铁矿床才开始逐渐形成。

磁铁矿的主要成分为四氧化三铁，呈黑灰色，含铁72.4%，氧27.6%。磁铁矿经过长期风化作用即可氧化转变成赤铁矿。磁铁矿与赤铁矿最大的区别在于，它有一定的磁性，而赤铁矿却没有。战国时期发明的司南，可以帮助人们辨别方向，也正是利用了天然磁铁矿具有磁性能够指南的物理特性。

方铅矿

人类使用铅的历史至少超过了 7000 年，作为一种金属材料，铅具有十分广泛的用途。铅的熔点很低，只有 327℃，具有很好的延展性和韧性，易于冶炼和铸造，而且具有很高的密度，历史上人们曾利用这个特点将它做成建筑中常用的测量仪器——铅锤。

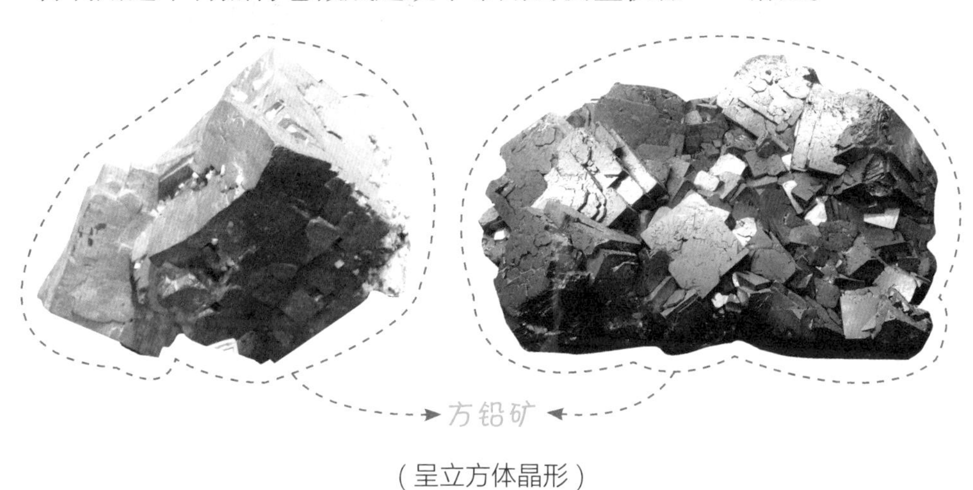

方铅矿

（呈立方体晶形）

现在我们已知有 60 多种矿物含铅，但最重要的铅矿石是方铅矿，其他的还有白铅矿、磷氯铅矿、钒铅矿和青铅矿等。顾名思义，方铅矿是一种含铅的方形矿物，其实它常见的晶体

方铅矿

（呈八面体晶形）

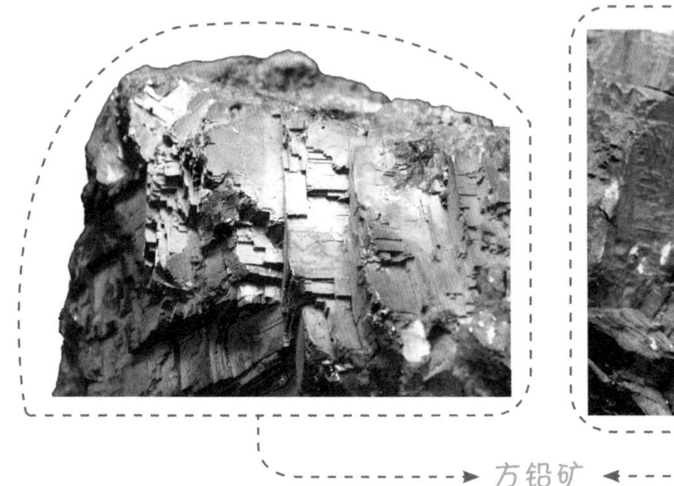

方铅矿

（呈致密块状）

形态不仅有立方体，也有八面体，但矿物集合体多为致密块状，含铅 86.6%，晶体为铅灰色，具有金属光泽，硬度较低。方铅矿中经常会混杂有一定含量的银，某些矿床中含银 1%~2%，可用来提取银，甚至银的价值大大超过铅的价值。所以，我国古代所开采的银

黑色方铅矿与金黄色黄铁矿共生

黑色方铅矿与白色石英共生

矿，很多都是含有银的方铅矿。此外，铜、锌、铁、砷、锑、铋等元素也经常会混入方铅矿中，所以方铅矿也可能成为其他金属的来源。山东省胶东地区是我国著名的黄金产地，在其中的一座矿山中，人们发现了大量的方铅矿，其中金的含量高达 0.11%~0.2%，可以作为金矿石进行开采。

方铅矿形成的次生矿物——白铅矿

方铅矿在空气中易于氧化变成铅矾，铅矾若与含有碳酸的水溶液进一步发生反应，则会形成白铅矿等新的次生矿物，但它们都可以作为铅矿石被一起开发利用。我国云南会泽、广东凡口、青海锡铁山等都是重要的方铅矿产地。

闪锌矿

作为金属材料，锌的性质与铅、锡类似，在人们意识到铅的毒性之后，某些常用到金属铅的地方，可采用锌来代替。它还常被用来当作其他金属的“防腐剂”，在钢铁表面镀上一层锌，可以保护它们免受腐蚀。这是因为锌的化学活动性比铁强，也就意味着它优先与空气中的氧气发生反应，形成的致密薄膜能够阻止内部物质进一步氧化，可谓是“牺牲自己，保护他人”的模范。

目前已知的含锌矿物多达 50 余种，但纯天然形式的锌很少见。最重要的锌矿石是闪锌矿，占锌总产量的 90% 以上，它由硫化锌组成，常与方铅矿、磁铁矿、黄铁矿、黄铜矿和萤石等共生，颜色通常是浅黄色、棕色、灰色或黑色，莫氏硬度为 3.0~4.0，矿物晶体多为四面体，也有立方体、菱形十二面体等，但通常为粒状集合体形态。闪锌矿理论上含锌 67.1%，但实际上总是含有铁。当含铁量不超过 10% 时，仍将其作为闪锌矿；若含铁量超过 10%，它会呈现出不透明的黑色，人们就称它“铁闪锌矿”。

闪锌矿

出露于地表的闪锌矿，由于受到氧化作用而容易形成溶于水的硫酸锌从而流失。我国云南省兰坪县金顶矿床、甘肃省成县厂坝矿床、广东省仁化县凡口矿床及湖南省桂阳县黄沙坪矿床都含有大量的闪锌矿，是我国重要的锌矿基地。

闪锌矿与无色方解石、浅紫色萤石共生

3. 非金属矿产

除了能源矿产和金属矿产之外，地球上还有许多其他用途的矿产资源。例如，磷灰石、钾盐等可以作为化工原料及制造化肥的矿物原料；长石、石英砂、高岭土等可以作为陶瓷及玻璃原料；花岗岩、石灰岩、石膏等可以作为建筑材料及水泥原料。它们都被称为非金属矿产。目前在我国已发现95种非金属矿产，其中滑石、萤石、自然硫及黄铁矿是人们比较熟悉的种类。

滑石

大家都知道，自然界中最坚硬的矿物是金刚石，但最软的矿物是什么呢？答案就是滑石。

滑石是一种镁硅酸盐矿物，是在一定的温度和压力条件下由辉石、角闪石、橄榄石等镁质矿物经过变质作用形成的。从外表来看，滑石常常是白色或者是淡青绿色的石块，偶尔也能见到浅黄和浅褐色。

滑石的颜色和光泽很接近名贵的玉石，但是加工起来又比真正的玉石容易许多，因此在很久以前，人们就利用它来模仿名贵的玉石，制作各种各样的器具。有的滑石被制作成精美的艺术品，有的被制作成祭祀或陪葬用的物品。早在7000多年前的新石器时代，用滑石雕刻成的各类器物就已经出现。到了汉代，滑石器具最丰富，出现了滑石兽面雕饰、滑石熏炉、滑石壶等。

滑石具有很好的润滑性，台球运动员在打台球之前，会在球杆上抹一些白色粉末，以减小接触面的摩擦力，这种白色粉末就是滑石粉。此外，由于滑石耐火、耐热、耐酸的特性，可以用来制造涂料、纸张、油漆等，是一种十分重要的工业原材料。正是由于这些原因，一位名叫埃里克·查林的英国学者在《改变历史进程的50种矿物》一书中收录了滑石，足见其重要性。

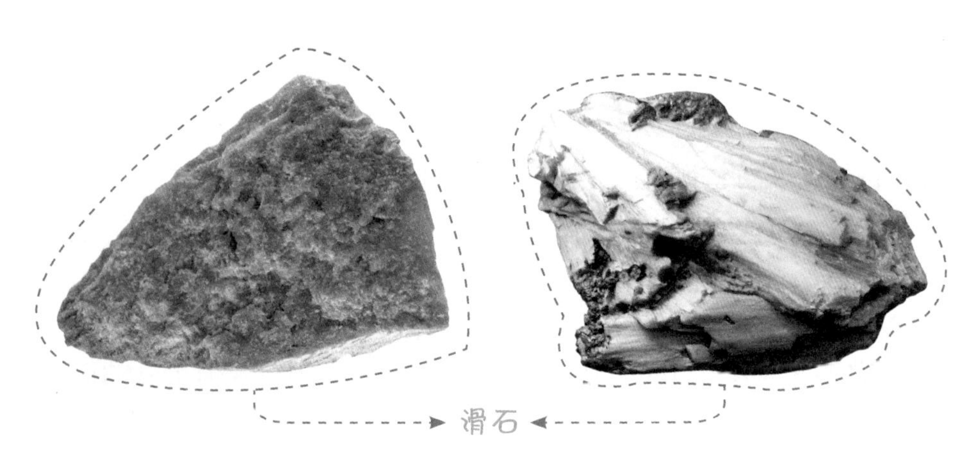
滑石

萤石

萤石，因其中含有氟，所以又称为“氟石”，在矿物分类中属于卤化物矿物。很早以前就已经开始有人使用萤石了，7000多年前的我国浙江余姚河姆渡文化遗址中就发现了萤石制品。此外，古罗马人也喜欢用萤石制成花瓶、酒杯等。

萤石矿物在地球上很常见，常见的晶体为立方体，也偶有八面体和十二面体。人们喜欢把萤石当作观赏石，并不是看中了它的晶体形态，而是看中了它的颜色。萤石的颜色非常丰富，最常见的有紫色、蓝色、绿色、黄色或无色，还偶见有粉红色、红色、白色、棕色甚至黑色，萤石也因此而被称为“世上最丰富多彩的矿物”。

工业上常用萤石做助熔剂，用来降低钢铁的熔点，以便去除杂质；或者用于制造乳白玻璃、搪瓷炊具，以及生产氟化氢、氢氟酸等化工原料。

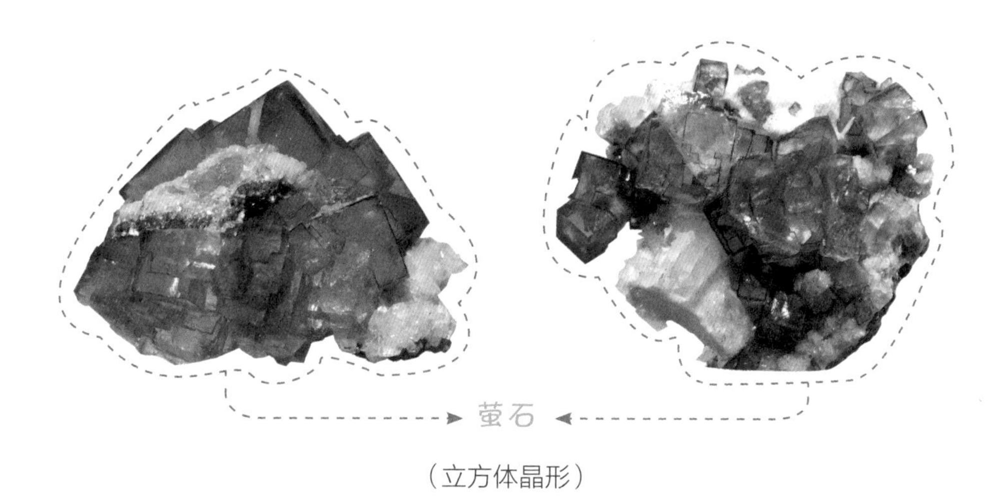

萤石

（立方体晶形）

和方铅矿一样，有些萤石晶体也是八面体形状

自然硫

硫黄是一种呈结晶体或粉末状的硫，因颜色为淡黄色而得名。在矿物学研究中，这种天然产出的硫单质为自然硫。常温下的自然硫是一种明亮的黄色结晶固体，肉眼鉴别较为容易。一方面，自然硫颜色浅黄，通常为粒状或块状，具有显著的脆性，握在手里很容易破碎并发出啪啪的碎裂声；另一方面，自然硫还具有可燃性，燃烧时能产生蓝色的火焰，并释放出刺激性的二氧化硫气体，闻起来有臭鸡蛋的气味。

自然硫晶体经常出现在火山口附近，以及温泉较多的地区，它们是火山或温泉喷发的硫化氢气体被大气中或地下水中的氧气氧化而形成的。在地球上的环太平洋地震带上，如印度尼西亚、智利、日本等国家，自然硫都是储量丰富的矿产资源。我国台湾省最北端的大屯火山群，在一片南北长 23 千米、东西宽 27 千米的区域内分布着 16 个火山锥，火山周边有很多温泉和喷气孔，整个山谷中弥漫着浓烈、刺鼻的气味，大量的自然硫堆积在这里，成为我国最大的自然硫矿床。

意大利亚平宁半岛的西南部，有一个著名的西西里岛，虽然面积只有 2.57 万平方千米，但人口稠密，经济繁荣，很早以前人们就发现这里蕴藏着丰富的硫，很多国家为了获取硫而来到这里互相争夺，只因硫是制造硫酸的原料，而硫酸可以用来制造炸药，在军事上具有重要用途。西西里岛的硫得益于这里的活火山——埃特纳火山，近年来它依然活动频繁，2015 年又多次喷发，源源不断地向地表释放硫矿资源。

自然硫

黄铁矿

黄铁矿称得上是地球上最常见的矿物之一，它在火成岩、沉积岩和变质岩中都能形成。能够引起人们注意的，通常是立方体和五角十二面体单晶体，有时候也会发现有八面体，一颗紧挨着另一颗聚集在一起，晶形完整，形状十分规则。它的主要成分是二硫化铁，外观上呈现出浅铜黄色或金黄色，不透明，莫氏硬度为 6.0~6.5，但是性质较脆，经过敲击容易破裂。

黄铁矿主要出产于西班牙、玻利维亚、加拿大、意大利、挪威、巴西、秘鲁、日本、葡萄牙和希腊等国家，以西班牙的黄铁矿最为著名。我国浙江、湖北、云南等地也出产这种矿物，其中以湖南省耒阳上堡硫铁矿出产的黄铁矿晶体最为精美。

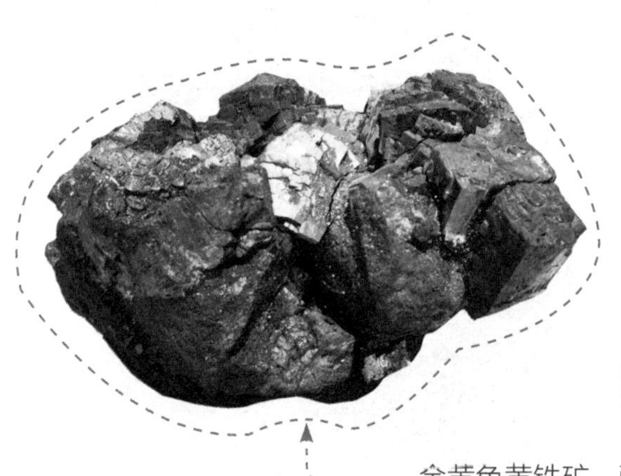

金黄色黄铁矿，酷似黄金

可能有人会认为黄铁矿是一种铁矿，实际上它是一种重要的硫矿资源，主要用来提炼硫，然后用硫制造硫酸。虽然黄铁矿中也富含铁，但是其中含硫约 53.4%，含铁相对较少，用来提炼铁从经济成本上来说不划算，而且其中含有硫元素，若用于冶炼钢铁必然会产生二氧化硫气体，污染环境。

立方体晶形的黄铁矿

八面体晶形的黄铁矿

五角十二面体晶形的黄铁矿

黄铁矿与水晶共生

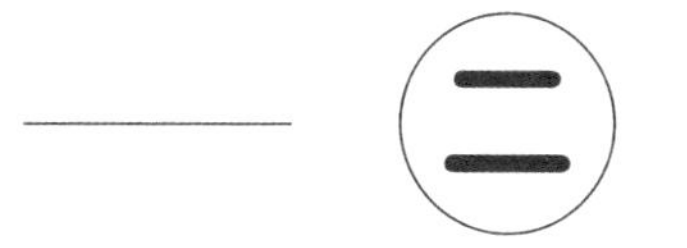

晶莹剔透的宝石

1. 名贵宝石

同在宝石家族中，宝石的地位也有高有低。虽然对于不同的人而言，喜好或有不同，但是在几千年来的历史发展中，已经逐渐形成了一种共识，把钻石、祖母绿、红宝石和蓝宝石合称为“四大名贵宝石”，后来又把金绿宝石加入其中，称为“五大名贵宝石”。

钻石：宝石之王

钻石，矿物名称为金刚石，在希腊语中的原意是“坚硬不可侵犯的物质”。它是目前已知最硬的矿物，人们将它嵌在刀尖制成金刚刀，切割玻璃都是小菜一碟。

或许你没想到，钻石的化学成分和铅笔芯差不了多少。有科学家做过实验，把钻石加热到 850~1000℃，它能燃烧起来，而且烧完之后全部变成了二氧化碳气体。这表明钻石其实就是碳组成的。

金刚石形成于地下深处，需要非同寻常的高温、高压环境，还要历经上亿年的漫长时间。单纯地从矿物成分上来说，金刚石并没有什么奇特之处，但它内部的每个碳原子都与其他 4 个碳原子彼此相连，形成正四面体空间立体网状结构，是一个强有力的整体，这就决定了金刚石具有极高的硬度和化学稳定性，使之成为自然界中硬度最高的矿物，成为当之无愧的“宝石之王”。钻石的颗粒通常都很小，重量常用克拉来表示，1 克拉等于 0.2 克。大于 20 克拉的钻石极为罕见，大于 100 克拉的钻石更被视为国宝。

正因为钻石成分简单，所以人工合成并不困难。2005 年，美国卡耐基研究院的一位学者通过实验证明，利用从牛粪中产生的沼气提炼出的甲烷，再加上氢气、氮气的辅助，控制合适的物理、化学条件，能够在天然钻石表面“生长”出新的钻石。这也就意味着用牛粪能制造钻石！是不是感觉有点奇怪？如果这样的钻石被摆在珠宝店里，不知道消费者又会做何感想？

各种颜色的钻石

2019 年 10 月，媒体报道了中国科学院宁波材料技术与工程研究所“种”出钻石的新闻。该过程也是以天然钻石作为“种子”，然后把从甲烷气体中分裂出的碳原子沉积在“种子”上，它以每小时 0.007 毫米的速度“生长”，一周就可以“培育”出一颗 1 克拉大小的钻石。这种在实验室里“种”出来的钻石不仅和天然钻石的化学成分没有区别，而且纯度更高。

祖母绿：和祖母没关系

仅从字面上看，很多人都会觉得，祖母绿应该是老奶奶戴的宝石。其实不然，它的名字源于古波斯语，古人按照读音把它翻译成汉语，就成了“助木剌”，或者是“子母绿”，后来又慢慢变成了现在的“祖母绿”。所以说，祖母绿和祖母并没有什么特殊的关系。

祖母绿属于绿柱石家族，主要由铍、铝、硅和氧四种元素组成。绿柱石晶体常呈规则的六方棱柱状，表面具有玻璃光泽，透明至半透明。如果没有外来杂质的影响，纯天然的绿柱石应该是无色的，看起来与水晶有些相似。当绿柱石中混入了铬离子，就会呈现出鲜艳的翠绿色，成为祖母绿；如果混入的杂质为亚铁离子，则会变成淡蓝色的海蓝宝石；如果杂质为铁离子，则为浅黄色或金黄色的金绿柱石；如果杂质为锰离子，则为粉红色的摩根石。

祖母绿（绿柱石）原矿

祖母绿饰品

金黄色的金绿柱石、淡蓝色的海蓝宝石与粉色的摩根石，与祖母绿一样同属于绿柱石家族

世界上最好的祖母绿产于哥伦比亚，其次，在赞比亚、巴西、津巴布韦、马达加斯加等国家和地区也有产出，我国云南也发现有祖母绿矿床，但质量不高。

在科学家的眼中，祖母绿还有更大的魅力，因为在这种宝石中含有重要的金属元素铍。铍是最轻的碱土金属元素，密度比铝轻三分之一，强度比钢大很多，而且还具有显著的抗腐蚀性，加少量铍于铜中，可制成既耐腐蚀又极坚韧的合金，若用于制造飞机零件，将会大大减轻飞机的质量，提高飞机的机动性。

除此之外，金属铍还具有很高的热导率和较低的热膨胀系数。

热导率越高，表明它传导热的能力越强；热膨胀系数越低，表明它随着外界温度的变化而发生的热胀冷缩越小，稳定性就越好。美国著名的詹姆斯·韦伯太空望远镜，口径为6.5米，为了保障它能在极低的温度下正常工作，不至于因外界温度变化而发生形变从而影响观测精度，由18块六边形镜片组成的主反射镜就是用表面镀金的铍制成的。

红宝石和蓝宝石：一对“亲姐妹”

蓝宝石和红宝石的物理性质、化学成分以及晶体结构都一样，它们的矿物名称都是刚玉，主要成分是氧化铝，所以它们俩就像一对“亲姐妹”。刚玉通常是从岩浆熔融体中结晶出来的，但在结晶过程中并不能保证完全纯净，如果其中混入了微量的铬元素，就会成为红宝石；如果其中含有微量的铁，就会呈现出浅黄色或绿色；倘若钛和铁杂质同时存在，结果就是深蓝色，即为蓝宝石。

在过去，有人认为颜色暗淡的红宝石如果埋在地下，最终将变成鲜红色。虽然这种认识不正确，但颜色越红其价值越高是事实。血红色的红宝石最受人们珍爱，俗称“鸽血红”。这种红宝石因产量稀少，比钻石还贵重，2克拉以上的便十分罕见，世界上最大的一颗鸽血红宝石也只有55克拉。一枚产自缅甸的15.97克拉的鸽血红宝石，在日内瓦拍卖会上的成交价竟然高达每克拉227万美元，是迄今为止拍卖单价最高的红宝石。

红宝石

蓝宝石

红宝石的颜色鲜红似火焰，易于辨认，但是蓝宝石不太好区分。有时候，我们会看到商场里有些粉色或者橙色的宝石标签上却写着蓝宝石。或许会有人感到疑惑：咦，蓝宝石不是蓝色的吗？

鸽血红宝石

其实，在很久以前，当人们刚开始开采刚玉的时候，就发现它只有红色和蓝色两种颜色，于是就分别称它们为红宝石和蓝宝石。但是后来人们逐渐发现刚玉还有别的颜色，包括黄色、橙色、粉色等。这该如何称呼它们呢？为了防止混乱，珠宝专家们最后统一了意见：把红色的称为红宝石，而其他各种颜色的宝石级的刚玉都称为蓝宝石。随着刚玉中铬的含量不断增加，蓝宝石中的粉色逐渐加深，过渡为红色的红宝石。

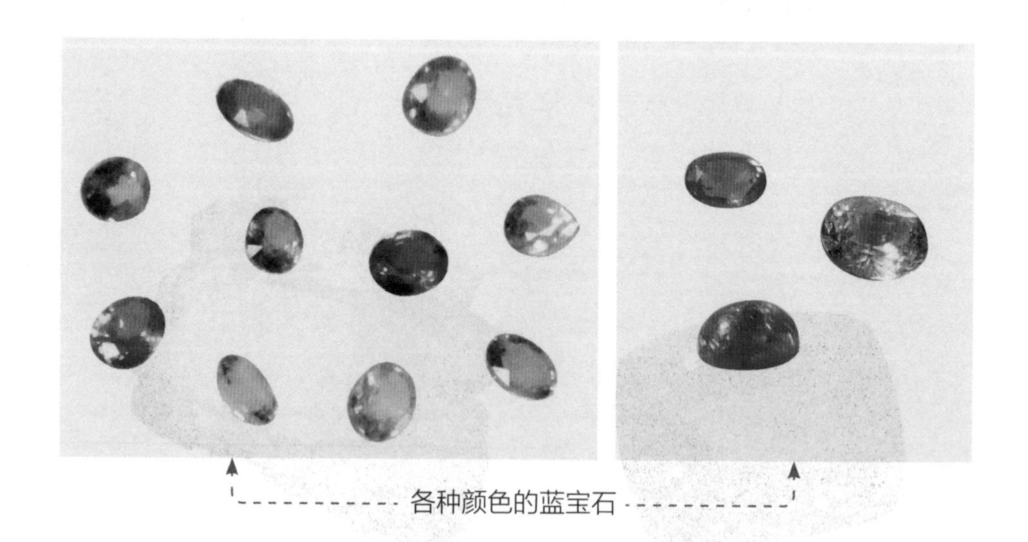

各种颜色的蓝宝石

随着现代科技的发展，红宝石和蓝宝石都已经可以在实验室里进行人工合成，只要准备好所需的化学原料，在实验室里控制好环境条件，宝石就能像发豆芽一样慢慢地“长”出来。但人工制品不能用作宝石，只能在工业中使用，主要用来制造激光发射器等。早在1958年，我国即已生产人造红宝石。2011年，在我国江苏省成功研制出当时国内最大、最重的人造蓝宝石晶体，重达101.35千克；2018年2月，又一颗巨无霸人造蓝宝石晶体在内蒙古诞生，它通体透明，外形规整，总重量达445千克，刷新了世界纪录。这样的人造蓝宝石主要用于制作发光二极管。发光二极管是一种能够将电能转化为可见光的半导体器件，它能使发光效率提高近10倍，寿命是传统灯具的20倍以上，兼有绿色、环保等优点，常用于照明灯、汽车灯、笔记本电脑、液晶电视、手机显示器的背光源等诸多领域。

人工合成的红宝石

人工合成的蓝宝石

金绿宝石：像猫眼，会变色

金绿宝石是一类氧化物矿物，是氧元素和金属元素铍、铝相结合而形成的。它的硬度很大，介于刚玉（硬度为9）与黄玉（硬度为8）

之间。这也就意味着，在宝石世界中，如果按硬度排名的话，金绿宝石家族可位列第三，仅次于钻石和刚玉（红宝石和蓝宝石）。

金绿宝石主要形成于花岗岩和花岗伟晶岩中，目前主要产地有斯里兰卡、俄罗斯、巴西的米纳斯吉拉斯州、美国以及我国新疆等。此外，由于金绿宝石异常坚硬，抗风化能力强，也会残存于河流的砂砾石冲积矿床中，比如巴西和斯里兰卡的一些金绿宝石就采自于砂矿中。

普通的金绿宝石一般为透明到半透明的黄绿色，只有当它们为淡绿色至浅黄色而且具有足够高的透明度时，才能被用作宝石。我国新疆也有金绿宝石产出，但是品质相对较差，可作为提炼金属铍的原料。

以猫眼效应而著称的斯里兰卡猫眼石、以变色效应而著称的俄罗斯变石都属于金绿宝石。金绿宝石家族中最珍贵的一种，当属既具有猫眼效应又能变色的，人们给它单独命名为“变石猫眼”。在2014年的天津国际珠宝展上，有一颗51克拉的变石猫眼的拍卖价格超过1800万元，超过普通猫眼石售价的30倍！

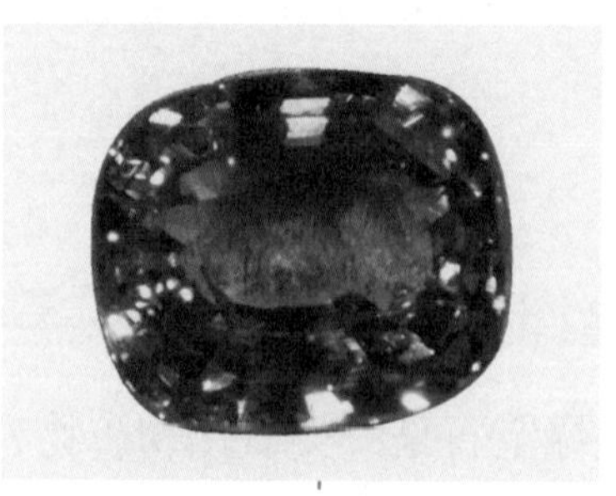

金绿宝石

2. 常见宝石

璀璨夺目的宝石世界就如同是一个子孙满堂的大家族，种类五花八门，颜色五彩缤纷。其中，人们最熟悉的莫过于水晶、石榴子石、碧玺、海蓝宝石和橄榄石。相对于名贵宝石而言，它们的硬度略低，产量较大，所以市场价值也稍微低一些。

纯洁无瑕的水晶

在古人眼里，水晶是千年积雪、万年寒冰变成的美玉，被看作“水的精灵”，象征着纯洁、正直和善良。无色透明的水晶跟冬天里的寒冰的确很像，但实际上它跟水和冰没什么关系，只是外表相似而已。水晶其实是常见的石英矿物，化学成分为二氧化硅。石英在自然界分布极广，是地壳中含量最多的矿物之一（含量仅次于长石），只要有山的地方几乎都有石英，就连大多数海滩上那些细小的砂粒，也基本上都是风化破碎后的石英小颗粒。

然而，并非所有的石英都是水晶，只有那些质地纯净、具有收藏和观赏价值的石英才有资格被称为水晶。而且，水晶的家族十分庞大，除了最常见的无色透明水晶之外，还有紫水晶、黄水晶、红水晶、绿水晶、蔷薇水晶、烟晶、茶晶、墨晶、发晶等很多兄弟姐妹呢。其中，最受欢迎的莫过于紫晶。它晶莹剔透，恰似令人垂涎欲滴的葡萄。传说紫晶的来历跟酒神有关，古希腊人和古罗马人喜欢用它制作酒器，他们相信紫晶可以让自己千杯不醉，称之为“醒酒石”。

各种颜色的水晶

水晶常产于热液矿脉中，体积较大的水晶则主要见于伟晶岩的晶洞中。在含有饱和二氧化硅的地下水环境中，如果具备合适的条件，例如两三个大气压的压力，温度在500~600℃，二氧化硅便会从溶液中自发生成晶芽，以洞壁或裂隙壁作为基底，经过数万年甚至上千万年的时间，最终结晶成为美丽的石英晶体。有时候，水晶还会密集地生长在一起形成晶簇，像怒放的花朵，十分美丽。这是为什么呢？原因在于，晶体的形态主要取决于晶体的内部结构，同时还受到外界环境的影响，包括温度、压力、溶液浓度等物理、化学条件及空间情况。只有当地下存在空洞时，才比较容易形成完整的晶体和晶簇。

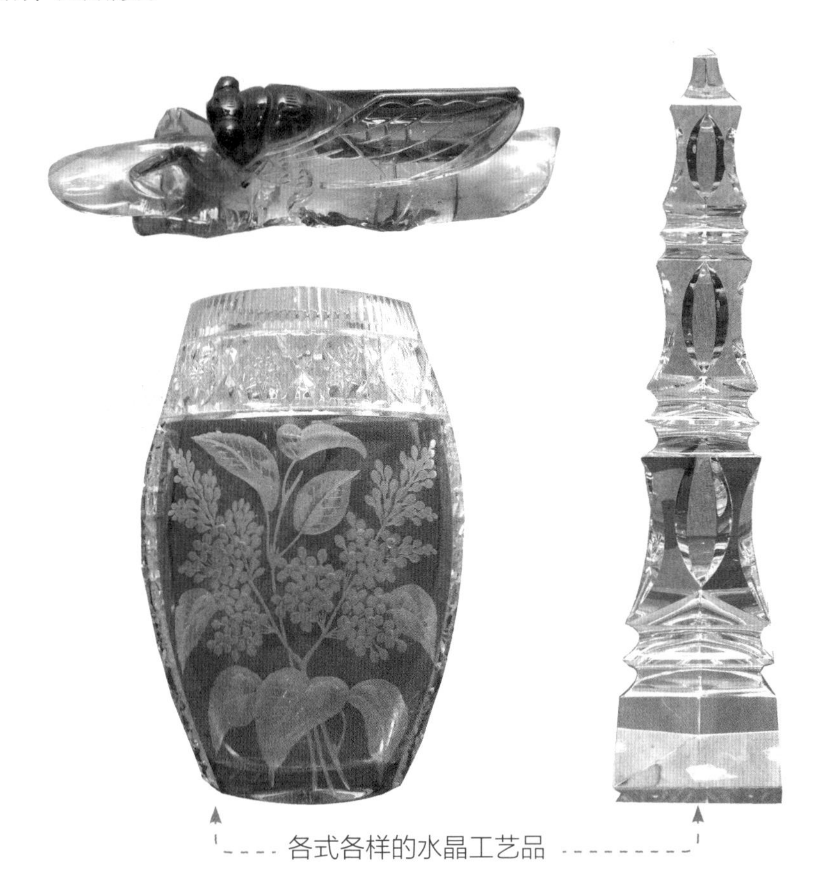

各式各样的水晶工艺品

各式各样的水晶工艺品（续）

传说东海龙王的水晶宫是用水晶建造的，倘若真有水晶宫，那该有多么富丽堂皇啊！巧合的是，在我国江苏省连云港市有一个东海县，这里蕴藏着丰富的水晶，已经探明的天然水晶储量约为 30 万吨，种类繁多，质地纯正，素有“世界水晶之都”的美誉。

天然水晶常常含有包裹体和其他矿物，难以满足工业需求，怎么才能获得更多、更好的水晶呢？从 20 世纪 70 年代起，工业中使用的水晶已由合成水晶代替。科研人员在实验室中模拟天然水晶的生长环境，利用水热法可以大量合成水晶。这种方法是将熔炼后的石英作为原料放在高压釜内，使它们溶解在水中，控制合适的温度和压力，让溶液中的过饱和物质在籽晶上逐渐长大。通过这种方法“种”出来的水晶，不仅主要成分、物理性质都与天然水晶相同，而且生长速度快，块头更大，也更纯净。如果在水晶生长过程中添加一些微量元素，科学家还能“种”出彩色水晶。例如，加入钛可以使其变成玫瑰色或淡绿褐色，加钒变成淡茶色，加铬变成绿色，加锰变成茶褐色或墨绿色，加钴变成蓝色，加铁变成紫色或亮黄绿、黄褐及黄色。从此之后，水晶的世界更加绚丽多彩了。

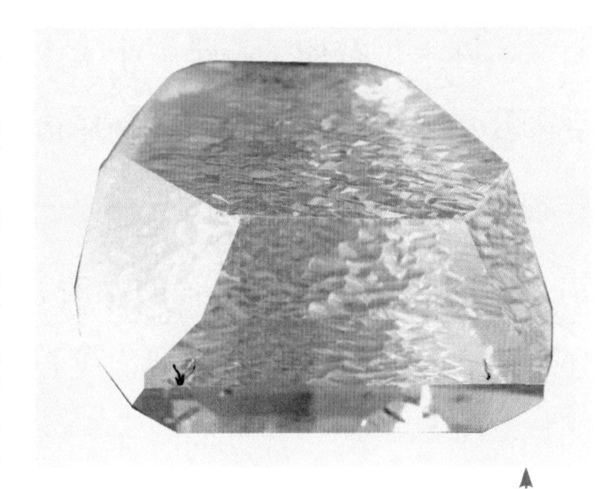

人工合成的水晶

晶莹剔透的石榴子石

每到中秋佳节，颗粒饱满、酸甜可口的石榴也成了大家的最爱。如果你细心观察，就会发现那一粒粒石榴子不仅形状奇特，而且颜色鲜艳，是不是很像珍贵的宝石呢？事实上，在宝石家族中，还真有一种长得像石榴子一样的宝石，这就是大名鼎鼎的石榴子石。

历史学家研究发现，石榴子石作为宝石至少有 5000 多年的历史了。古埃及人、古希腊人和古罗马人都喜欢用石榴子石制作饰品，特别是战士们喜欢把石榴子石镶嵌在盔甲上作为护身符，希望能保护他们的安全。如今，在西方国家，石榴子石象征着忠实、坚贞和友爱，人们相信佩戴它可以带来忠贞的爱情，并获得永恒的幸福。

石榴子石晶体

很多人以为石榴子石只是红色的宝石。实际上，石榴子石是一个大家族，是硅酸盐矿物中的一个大类，物质成分较为复杂，有的石榴子石中含有金属元素镁和铝，有的含有铁和铝，有的含有锰和铝，还有的含有钙和铬，结果就造成石榴子石的颜色十分丰富。常见的有血红色、暗红色、褐红色、褐色、黄褐色、鲜绿色、黄色、黑色等，其中以翠绿色、血红色和无色透明的最为珍贵。

世界上的石榴子石储量丰富，主要产于变质岩和岩浆岩中。但是宝石级的石榴子石十分稀少，仅来自南非、美国、印度、俄罗斯、巴西等国家，我国则在河北、内蒙古、新疆、云南等地有产出。

石榴子石晶体，长得像石榴子一样，与灰色的烟晶共生

石榴子石属于大众化的中低档宝石，但也有珍贵的品种。1967年，一位英国地质学家在非洲的乞力马扎罗山附近发现一块异常美丽的绿色宝石，不仅颜色鲜艳，而且具有极高的透明度。它其实是石榴子石的一种，后来被命名为“沙弗莱石”，因含有微量的铬和钒元素才显出翠绿色。沙弗莱石极为稀少，重量超过 2 克拉的都十分罕见，在国际上的售价也很高，有时候能够卖到每克拉 6000 美元，比钻石还贵呢！所以，有人称沙弗莱石为“非洲宝石之王”。

中国地质博物馆珍藏的沙弗莱石

毕竟能够成为宝石的很少，大部分石榴子石都用在工业上了。它硬度大（莫氏硬度为 6.5~7.5），熔点高（1180~1200℃），粒度均匀，是很好的天然研磨材料。例如，有一种特殊的砂纸，上面粘着许多红棕色的石榴子石，颗粒极其细小，却非常锋利，用它打磨木材能使木材变得十分光滑。不仅如此，石榴子石还可以用来研磨抛

光金属材料、玻璃和陶瓷制品等，用途十分广泛。

五彩斑斓的碧玺

16 世纪初的一天，一支葡萄牙探险队正在南美洲的巴西勘探寻宝，突然天降暴雨，雨过天晴之后，一道美丽的彩虹出现在天边。探险队员们惊喜万分，急忙向彩虹的方向跑去，最后找到了一些花花绿绿的石头，称赞它们是“落入人间的彩虹”。探险家从中挑选了一些绿色和蓝色的石头，认为它们是珍贵的祖母绿和蓝宝石，把它们送回葡萄牙出售。直到 18 世纪，人们才发现它们其实是一种独特的矿物——电气石，当把它们作为宝石出售时则称之为碧玺。

各种颜色的碧玺

各种颜色的碧玺（续）

“碧”代表绿色，寓意为永久长青；“玺”是玉玺，是帝王权力的象征，而碧玺又谐音“避邪”。所以，在很早以前，碧玺在中国象征着吉祥如意和至高无上的皇权。1890 年，人们在美国加利福尼亚州

碧玺饰品

发现了粉红色碧玺，此后那里成为世界上最大的碧玺产地。据说，清朝的慈禧太后十分喜爱碧玺，在她生命的最后几年里，几乎每年都要从美国大量进口碧玺。北京故宫博物院里珍藏的工艺品及饰品上的碧玺基本上都是舶来品，珍宝馆中的碧玺桃树盆景便是选用粉红色碧玺制成桃的形状，点缀在木枝干上，树下铺湖石、青草等，妙趣横生。

碧玺绚丽多姿的颜色并不是被彩虹染的，而是来源于它内部极微量的锂、镁、铁、钠等元素。从矿物学角度来看，碧玺是一种化学成分十分复杂的硅酸盐矿物，其中，富含铁的碧玺呈黑色，富含铬的呈深绿色，富含镁的呈褐色或黄色，富含锂、锰和铯的呈玫瑰色或淡蓝色。因此，碧玺的颜色变化多端，其中以黑色最为常见。通常情况下，只有那些色泽美丽、晶莹透亮的碧玺才可以作为宝石原料。有时候，在同一个碧玺晶体的两端会有两种或多种颜色出现，甚至有的晶体中心与外围颜色不同，内部为粉红色，外围是鲜嫩的绿色，酷似西瓜的模样，人们称这样的珍品为“西瓜碧玺”。当你听到这么诱人的宝石名字，会不会流口水呢？

北京故宫博物院里珍藏的碧玺桃树盆景

西瓜碧玺是许多珠宝设计师最喜欢的宝石，如果能够巧妙地利用西瓜碧玺天然的颜色搭配，可以用它制作非常有趣的艺术品。在首都博物馆珍藏着一枚红绿碧玺扳指，出土于晚清大臣荣禄的墓葬，其实就是西瓜碧玺。

世界上许多国家都出产碧玺，如巴西、斯里兰卡、缅甸、俄罗斯、美国等，我国新疆的阿尔泰山和天山、内蒙古乌拉特中旗角力格太、云南高黎贡山北端及哀牢山南端也有产出。它通常形成于花岗岩和花岗伟晶岩中，在一些片岩和大理岩中也能偶尔发现，颗粒很小，通常为几毫米的棱柱状晶体。如果岩石中存在孔洞和裂隙，则可能为晶体生长提供空间，最大的晶体可达上百千克。

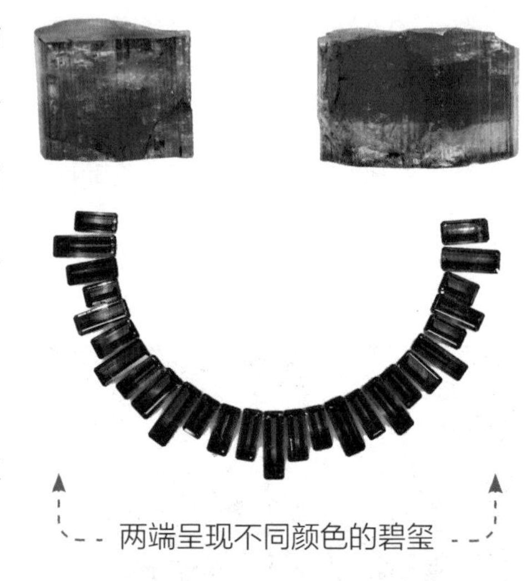

两端呈现不同颜色的碧玺

巴西的碧玺举世闻名，几乎所有颜色的碧玺都可以在巴西找到。后来，人们在巴西发现了一种新的碧玺品种，由于这种宝石里含有微量的铜元素，所以呈现出迷人的蓝绿色，仿佛蓝天映入清潭，又似湖水一碧如洗，立刻在宝石界引起轰动。随后，这种碧玺被定名为“帕拉伊巴碧玺”，号称“碧玺之王”。

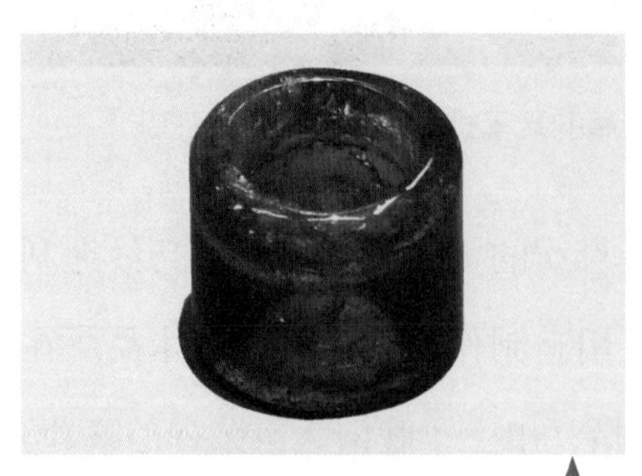

荣禄墓出土的红绿碧玺扳指，现存于首都博物馆

帕拉伊巴碧玺

清澈深邃的海蓝宝石

虽然海蓝宝石并没有传说中的神秘力量，但它那晶莹剔透的身躯总是让人联想到大海的清澈与深邃，深受人们喜爱。海蓝宝石和蓝宝石虽然只有一字之差，但它们之间的区别很大。蓝宝石的矿物名称为刚玉，和红宝石是“亲姐妹”；而海蓝宝石和祖母绿才是“亲兄弟”，都是含有铍和铝的硅酸盐，属于绿柱石矿物。

海蓝宝石不如祖母绿珍贵，但相比之下它具有更高的透明度，如同凝固的水滴在阳光的照射下熠熠生辉。然而，天然出产的海蓝宝石大多数颜色很浅或者略带黄色，经过专业手段处理，能够使其颜色变得更加纯净、浓郁。实际上，市场上所能见到的大多数天蓝色海蓝宝石都是经过热处理的结果，通常的处理方式为辐照或加热。使用高能粒子（伽马射线、X 射线等）照射绿柱石，可以增大蓝色的饱和度；一些绿色、绿黄色和褐黄色的绿柱石经 400~450℃的热处理之后可以变成蓝色，而且处理之后与天然的海蓝宝石几乎一模一样，难以辨别。

海蓝宝石主要产于花岗伟晶岩和冲积层中，目前的主要产地是在巴西、巴基斯坦、马达加斯加、斯里兰卡、印度、俄罗斯和美国等，其中以巴西最为著名，其产量占世界总产量的一半以上。1910 年，人们在巴西的米纳斯吉拉斯州发现了一块重达 110 千克的海蓝宝石原石，高 48.5 厘米，横截面直径为 42 厘米，尺寸之大号称“世界之最”。后来，人们又在巴西发现了一块重 45 千克的海蓝宝石，经过宝石专家切割打磨之后，制成了高约 36 厘米的方尖碑状，重达 10395 克拉，以历史上著名的巴西帝国皇帝之名被命名为多姆·佩德罗。它是目前世界上最大的切割海蓝宝石，现存于美国史密森尼国家自然历史博物馆。

我国新疆阿勒泰、云南哀牢山等地也出产海蓝宝石。2018 年 6 月，在新疆乌鲁木齐举办的一场观赏石精品博览会上，展出了一块巨无霸海蓝宝石，高度超过 2 米，重达 1 吨左右。据这块宝石的主人介绍，它产自新疆阿勒泰地区的富蕴县。

海蓝宝石

其实，在很早以前海蓝宝石就已经在我国出现。考古学家在广西北海市合浦县发现了近千座汉墓，出土了大量金银、玉器等随葬品，除了水晶、玛瑙、琥珀等宝石，还有一串点缀着四颗海蓝宝石的项链，是汉朝一位县令珍藏的佩饰，虽然已经在墓葬中沉睡了两千多年，剥去外表的泥土之后依然色泽明亮、璀璨夺目。考古学家认为，合浦是汉代海上丝绸之路最早的始发港，当时的商人从这里出发远航开展海外贸易，与东南亚多国都有贸易往来，被引进来的这些海蓝宝石恰恰是海上丝绸之路中外贸易交流的历史见证。

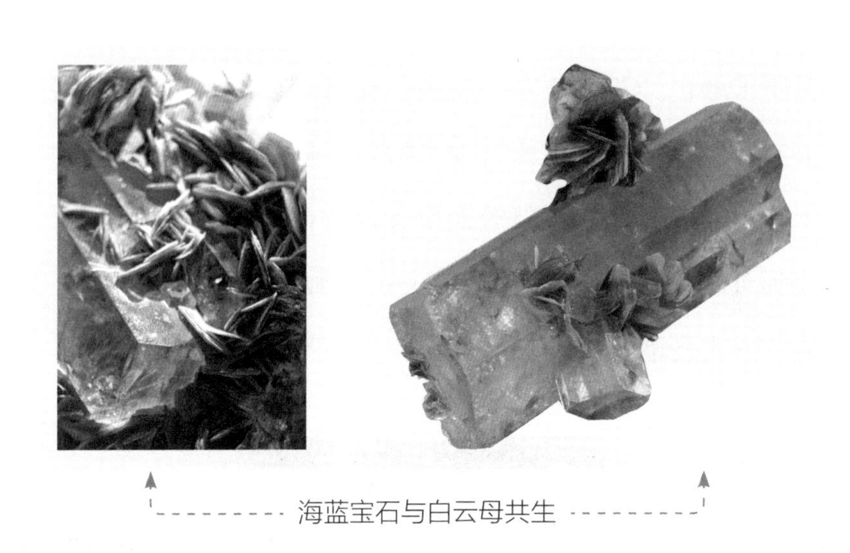

海蓝宝石与白云母共生

青翠欲滴的橄榄石

2018 年 6 月的一天，夏威夷岛上的基拉韦厄火山猛烈喷发，当地居民惊奇地发现，天空中竟然下起了“宝石雨”，许多大大小小的橄榄石颗粒随着火山灰飘落到地面上，真是让人大开眼界。

橄榄石，因恰似橄榄果的颜色而得名。在地质学家的眼中，它并不是什么稀罕矿石。地球上的各种喷出岩中几乎都含有橄榄石，所以它称得上是地球上最常见的矿物之一。在夏威夷岛还有一片绿色的海滩，当你走进这里的时候，就好像走进了梦幻般的童话世界，脚下踩的细沙都是美丽的橄榄石颗粒。实际上，这些橄榄石都是火山喷发的产物，夏威夷岛原本就是火山喷发形成的岛屿，橄榄石从火山口中喷发出来之后，经历了漫长的风化和海浪的侵蚀，最终就变成了极为细小的沙粒，形成了迷人的绿色海滩。

海滩上的橄榄石颗粒都太小了，不足以作为宝石。宝石级橄榄石不仅要求颜色纯正，所含杂质少，而且还要有足够的重量。目前世界上宝石级橄榄石的主要产地是缅甸、巴基斯坦以及美国的亚利桑那州等。我国河北、吉林等地也有比较优质的橄榄石资源，人们曾经在河北张家口发现了我国最大的一颗橄榄石，重 236.5 克拉，被誉为“华北之星”。

橄榄石

能够成为宝石的毕竟还是极少数，大部分橄榄石都被作为工业原料，可以用来制造耐火材料，也可以用于提炼金属镁，还可以用来制造农业中常用的钙镁磷肥。

3. 新兴宝石

尽管从矿物成为宝石需要迈过很大的门槛，但宝石家族并不是一个封闭的圈子，经常会有新成员被吸纳进来。近些年来就有很多新品种成为宝石家族的一员，比如坦桑石、蓝锥矿、尖晶石等，这既得益于地质学家的研究发现，也有宝石公司商业包装和推广的功劳。

坦桑石：乞力马扎罗山下的“蓝精灵”

在广袤的非洲大地，乞力马扎罗山下是一望无际的草原。传说有一天，一道闪电划破天空，引发了草原大火。大火过后一片狼藉，到处是杂草的灰烬和黑乎乎的岩石。突然，人们在岩石缝里发现了一些透明的蓝色矿物晶体，闪闪发亮，仿佛蓝色的精灵。当地牧民以为这是上天赐予他们的礼物，于是将它们切割打磨，作为装饰品戴在身上。

1967 年，几位美国珠宝专家来到坦桑尼亚，当他们看到这一颗颗蓝色透明的矿石颗粒时都惊呆了，赞誉它是“在过去 2000 年里所发现的最美丽的蓝色宝石”，然后选出深蓝色的精品原矿并经过精心设计，以其出产地的名字称其为“坦桑石”。

从矿物学角度看，坦桑石名为黝帘石，通常为无色或灰色，极少数透明的、蓝色或蓝紫色晶体，才称得上是坦桑石。它的蓝色源于其中所含的微量元素钒。科学家还发现，如果对坦桑石进行适当加热，通常是在370~390℃加热30分钟，就会使它的蓝色变得更加鲜艳浓郁。

迄今为止，乞力马扎罗山下阿鲁沙市附近约20平方千米的区域仍是唯一的产地。有宝石学家预言，坦桑石矿山的储量十分有限，再过30年这些资源就会枯竭，到那时世界上就不会再有新的坦桑石了。

坦桑石原石

切割成各种形状的坦桑石饰品

蓝锥矿：稀有的宝石级矿物

1906年的一天，一位名叫吉姆·库奇的工程师正在美国加利福尼亚州的洛斯加托斯峡谷寻找矿产，晚上扎下帐篷住在野外。第二天黎明，库奇早早地起来，到小山坡上溜达。突然，他惊奇地发现山坡上闪耀着无数蓝色的宝石，于是就急忙采集了一些标本带回去化验。不料，化验室给出的答案竟然是火山喷发的蓝色玻璃而已。这样的结果让库奇大失所望，但他仍然认为火山玻璃哪能与之相媲美？后来，经过矿物学家的进一步研究，认定这是一种从未见过的新矿物，并将它命名为“蓝锥矿”。

蓝锥矿是一种含有钡和钛的硅酸盐矿物，通常呈现出特殊的三角形双锥状，颜色以蓝色为主，深浅不一，但也偶见有粉红色、紫红色、紫蓝色、白色或无色。有学者称蓝锥矿为地球上最稀有的宝石级矿物之一，因为它十分稀少，自然产出的蓝锥矿晶体细小，表面常见有裂纹或缺陷，所以要切割出精美的宝石实属不易，大多数宝石都小于 1 克拉。目前，美国华盛顿史密斯博物馆收藏的最大的一颗蓝锥矿也仅仅有 7.8 克拉而已。

蓝锥矿，产于美国，2.04 克拉

尖晶石：不想再做替身

在宝石家族中，尖晶石显得十分特别。有人说它“欺世盗名”，总是充当红宝石的替身；又有人说它是“史上最冤的宝石”，虽然比红宝石更稀有却一直被埋没于红宝石的阴影之下。这究竟是为什么呢？

英国皇室的帝国王冠堪称世界上最华丽、最耀眼的王冠。在帝国王冠的前部正中央，是举世闻名的“黑太子红宝石”，它长约 5 厘米，近乎鸡蛋大小，重达 170 克拉，是 1367 年西班牙的一位国王送给威尔士王子的礼物。有趣的是，后来的宝石学家发现，这枚所谓的“黑太子红宝石”并不是真正的红宝石，而是另外一种宝石——尖晶石。

类似的“乌龙事件”在欧洲一再上演。1762 年，俄国著名的女沙皇——叶卡捷琳娜二世登基即位。她在加冕仪式上佩戴着珠光宝气的皇冠，皇冠上镶嵌的那颗重达 398 克拉的“红宝石”极其引人注目。可是后来经过鉴定，这枚“红宝石”竟然也是一枚尖晶石。此外，维多利亚女王项链上面的“铁木尔红宝石”、法国皇冠上面的“布列塔尼海岸红宝石”最后也都被鉴定为尖晶石。

说尖晶石是“冒牌货”，实在是冤枉它了，要怪也只能怪我们对它缺乏了解。当尖晶石出现在宝石家族中时，它与红宝石同样鲜红、同样光彩夺目，甚至在成矿之时就与红宝石在一起，以至于在千百年来都被错误地当成了红宝石。直到 18 世纪中叶，人们还是分不清楚它俩有什么不同，结果导致尖晶石以红宝石的高贵身份跻身于皇家贵族，享受着世人的赞美和尊崇，真可谓出尽了风头。

现在，人们已经看清了尖晶石的真实面目。它与红宝石属于不同的矿物，晶体形态也完全不同。红宝石的矿物名称是刚玉，未经加工的晶体形态为桶状或短柱状，主要成分是氧化铝；尖晶石是镁铝氧化物组成的矿物，晶体通常为八面体，具有尖锐的棱角，就像两个四面体金字塔底部连在一起的样子。

尖晶石不仅种类繁多，而且颜色也十分丰富，除了最常见的红色之外，还有蓝色、绿色、黄色、橙色、紫色、棕色、粉色等，甚至还有一些比较罕见的黑色和白色尖晶石。在这方面，红宝石远不及它。而且，尖晶石也具有明亮的光泽、很高的硬度和良好的韧性，耐磨而且不易裂，有时还能呈现出非凡的六射星光，完全可以与红宝石相媲美。如今，这个被严重低估的宝石以自身的低价优势吸引了一大批宝石爱好者，已成为珠宝家族中的“新秀”；另外，形态完整的八面体晶体还具有很高的收藏和观赏价值，受到矿物收藏家的青睐。

八面体晶形的红色尖晶石

尖晶石主要形成于镁质石灰岩与花岗岩的接触地带，主要产于缅甸、斯里兰卡、坦桑尼亚、巴基斯坦等国家，其中以缅甸的尖晶石最为著名。缅甸抹谷地区是世界著名的红宝石和蓝宝石产地，而尖晶石则作为伴生宝石同时被开采，并且大多数发现于冲积矿床（例如河流的冲积扇）中。近年来，我国在山东昌乐县开采蓝宝石矿时也发现了尖晶石。

尖晶石具有良好的机械强度和较高的熔点，耐高温、耐酸碱腐蚀、耐磨损，在工业上能用于制造特殊的光学仪器，或者用作耐火材料，制成耐火砖和耐火陶瓷等，用途十分广泛。

如今，当我们回过头来看这些宝石的“成名史”就会发现，宝石家族就像人类的家族一样，有新成员的诞生，也有老成员的退出，随着人们对宝石资源的不断开发，如果我们找不到新的矿藏来接替，那终有一天它们会消失殆尽，成为历史上的匆匆过客。

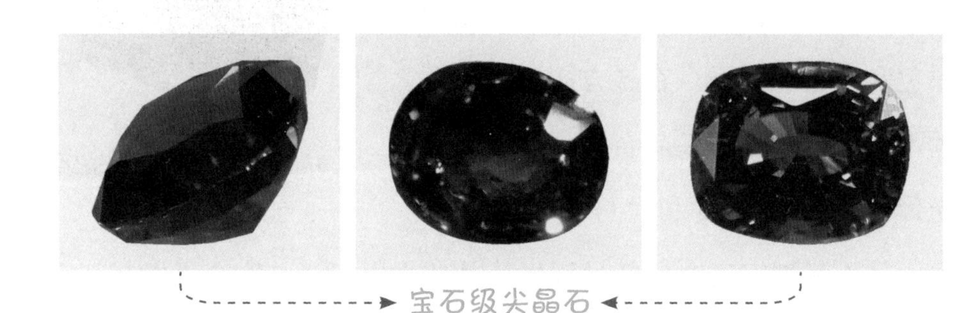
宝石级尖晶石

蓝色尖晶石

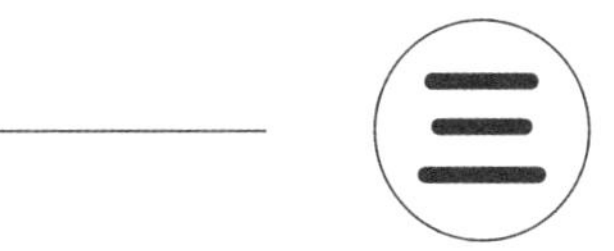

冰清玉洁的玉石

1. 玉中之王

西方人喜爱光彩夺目的宝石，东方人喜爱温婉含蓄的玉石，这是各自的历史文化背景差异造成的。就像西方人喜欢祖母绿一样，东方人最爱的却是翡翠。

东方人的翡翠情结

绿色是大自然的本色，象征着生命、希望、和平与宁静，晶莹剔透、温润细腻的绿色翡翠，恰恰将这种绿色情结渗入每个中国人的灵魂深处。无论是颜色、光泽，还是透明度和硬度，以及它本身源远流长的文化内涵，都让翡翠在玉石家族中独占鳌头，“玉中之王”的美誉名不虚传。

翡翠进入中国只有300多年的历史，在清代以前我国以和田玉为尊，后来在皇家贵族的推崇下地位逐渐上升。清代著名学者纪晓岚在《阅微草堂笔记》一书中曾经记载，在他小时候，人们并不把云南翡翠当成玉石，那时翡翠价格低廉，可是没过几十年，翡翠就变成了昂贵的珍玩。最爱翡翠的莫过于慈禧太后，据说曾有一个外国人向她进献一颗大钻石，并未得到赞赏，而另外一人进献的小件翡翠玉器

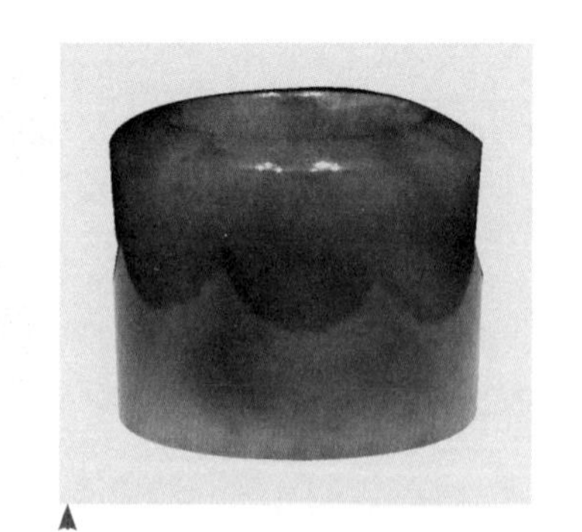

李莲英墓出土的翡翠扳指，现藏于首都博物馆

却让她欣喜万分。在她生前的住所内随处可见各种翡翠玉器，极尽奢华，死后还用大量翡翠制品来殉葬。

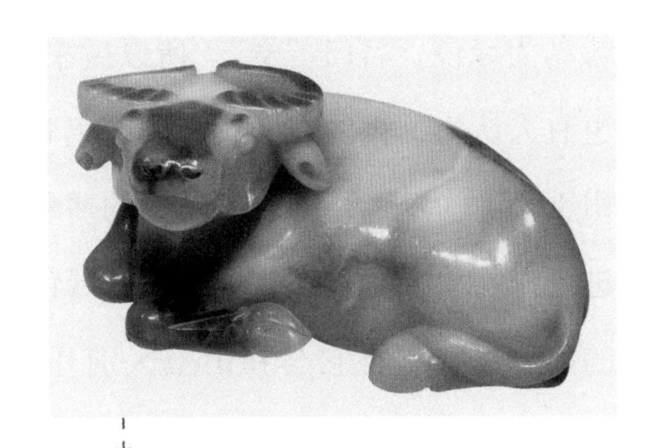

翡翠雕件

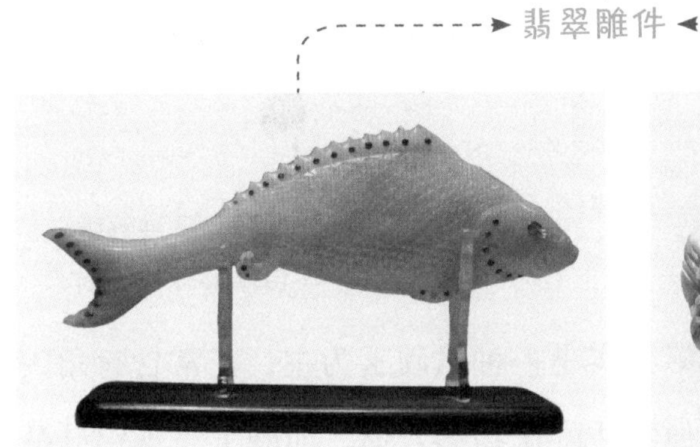

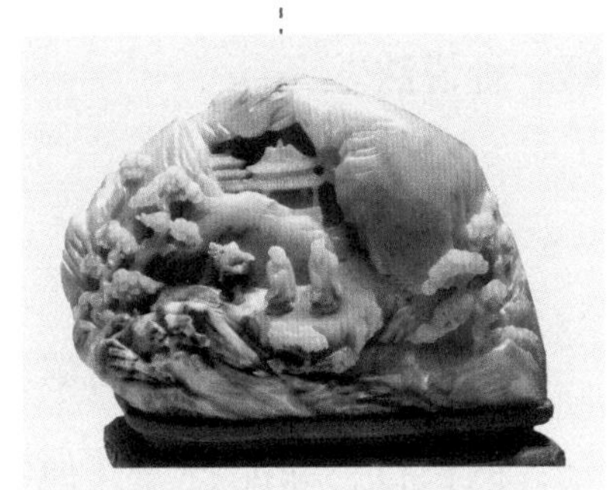

翡翠之名的由来

大家通常都认为翡翠是绿色的，其实不然。绿色是翡翠最常见的颜色，除此之外，它还有红、黄、白、灰、蓝、紫等多种颜色，各种颜色还有深浅之别，甚至同一块翡翠也会有多种颜色并存。

翡翠的英文名称为 Jadeite，源自西班牙语，原意为“佩戴在腰部的宝石”，因为人们认为它能够治疗腰部疾病。关于翡翠中文名称的由来，历史上有两种不同的说法。有人认为，在我国古代曾生活着一种翡翠鸟，它的毛色十分艳丽，其中雄鸟为红色，名曰“翡”，雌鸟为绿色，名曰“翠”，所以后来人们用红翡绿翠来给玉石命名。也有人认为，我国本土所产的绿色和田玉被称为翠玉，但后来外国的翡翠进来以后，人们发现翡翠也有翠绿色的品种，为了将它与和田玉区别开，所以称它为“非翠”，后来逐渐演变成了“翡翠”。目前大多数人更认可第一种说法。

翡翠有多种颜色，有红翡绿翠的说法

疯狂的石头

从矿物成分来看，翡翠其实是一种以硬玉为主，并常含有角闪石、钠长石、绿泥石等其他物质的矿物集合体。而硬玉是钠铝硅酸盐，属于辉石的一种。正因为翡翠中含有其他矿物成分，其中的铬、铁、锰等元素使得翡翠变得五颜六色，异彩纷呈。

翡翠的莫氏硬度为6~7，表面具有珍珠光泽或玻璃光泽，透明或微透明，化学性质稳定，硬而不脆，不易损坏，这些特征都是别的宝石和玉石不能比的，所以在国际市场非常受欢迎，优质翡翠价格非常昂贵。

随着翡翠资源储量的日益减少，再加上缅甸当地政府的严加管控，翡翠价格不断上涨。美国传奇名媛芭芭拉·赫顿收藏的一条天然翡翠珠项链，在1988年曾以200万美元拍卖，成为当时全球拍卖成交价最高的翡翠首饰。然而，时隔六年之后，当它现身中国香港拍卖场时，成交价竟然已经飙升至 420 万美元，价格翻了一倍多。更不可思议的是，2014 年，它又一次走进中国香港拍卖场时，最终的成交价竟然达到了 1.9 亿港元，再次刷新了翡翠拍卖的世界纪录。

缅甸的翡翠

翡翠最主要的产地位于缅甸克钦邦密支那西南的孟拱一带，在这里所有的翡翠原料只有通过“公盘”才可交易出境，其他一律视为走私。所谓的“公盘”，是翡翠毛料的一种特殊的拍卖交易方式，卖方把准备交易的翡翠在市场上进行公示，然后让买家进行竞买。缅甸的翡翠公盘已经成为著名的盛会，每年都会吸引世界各地的珠宝商参加，而中国则是其中最大的消费国，绝大部分的翡翠都被销往中国，然后再经中国销往世界各地。

与缅甸接壤的云南省德宏州瑞丽市，从事翡翠交易具有得天独厚的优势，现已成为世界知名的翡翠交易地。在瑞丽市中缅边境南段 71 号界桩附近，有个“一寨两国”的著名景点，国界线两边分别铺着黄色方砖和白色方砖，用以代表中国和缅甸。最让人惊讶的是，沿着 423 米长的国界线竟然镶嵌着 5068 块圆形翡翠，用以纪念 1950 年 6 月 8 日中缅建交，因此这条国界线也被称为“世界上最昂贵的国界线”。

2. 四大名玉

在翡翠未进入我国之前，新疆和田玉稳坐“玉中之王”的宝座。它与河南南阳的独山玉、辽宁岫岩的岫玉以及湖北绿松石合称为我国“四大名玉”。

新疆和田玉

1976年，我国考古学家在河南省安阳市境内发掘了殷墟商代王室墓葬妇好墓，妇好生活于公元前1200年左右，是商代第二十二代王武丁众多妻子中的一位，曾多次率兵出征，立下赫赫战功，深得武丁的宠爱和臣民的敬仰，被称为“中国最早的女将军”。考古学家在她的墓葬中发现了很多玉器，令人惊讶的是，其中有些玉石竟然来自遥远的昆仑山，是新疆的和田玉。

古时候交通不便，这些玉石是如何走进中原的呢？其实，早在丝绸之路被开辟之前，我国西部还存在着一条更为古老的商业通道，它以新疆和田为中心，向东西两翼运出和田玉，沿河西走廊或北部大草原向东渐进到达中原地区，这条沟通中西方经济贸易和文化交流的重要通道被称为“玉石之路”，距今已有6000多年的悠久历史。

和田位于新疆维吾尔自治区南隅，这里曾是西域古国于阗国所在地，是古老的玉石之乡，素有“玉都”的美誉。和田玉即产于于阗（后改名为于田），故古称于阗玉。和田玉形成于变质岩中，主要矿物为透闪石，并含有角闪石、阳起石等其他多种矿物成分。它结构致密，质地细腻，用“冰肌玉骨”来形容最合适不过。然而，和田玉的矿点通常都在海拔4000~5000米的高山雪线附近，山高路险，艰难险阻，开采极为不便。这也是和田玉价格昂贵的重要原因之一。

在中国地质博物馆外的地质科普广场上，陈列着一块重约2吨的和田玉标本，它浑身呈现出淡淡的绿色，微透明，形状近似长方形。这块玉料不仅个头大，质量好，而且背后的故事更引人入胜。早在1904年，酷爱玉石的慈禧太后为庆祝寿诞，传旨让新疆的官员进献大块和田玉。采玉工人们历经千辛万苦，终于在昆仑山上找到一块重达20吨的上乘玉料。然而，如何运输这件庞然大物又成了工人们发愁的问题。无奈之下，他们采用圆木做垫，或者泼水冻冰，然后用棍撬、用马拉等各种方法一点一点地挪动。几年过去了，这块玉料还没有被运出新疆，京城却传来消息说慈禧太后驾崩了。悲喜交加的工人们举起手中的锤头砸碎了这块玉料，发泄心中淤积多年的愤恨。新中国成立以后，中国地质博物馆的一位地质学家在新疆考察时发现了其中一块玉料碎块，也了解了它背后的故事，于是就想方设法将它转运到北京，陈列在博物馆前，向世人展示它跌宕起伏的命运。

中国地质博物馆外陈列的和田玉，重约2吨

和田玉细节

和田玉几乎贯穿了我国几千年玉石文化的始终，无论是在大型玉雕还是小件的玉玺、玉圭、玉璋、玉玦、玉佩等各种玉器中，都能发现它的身影。其中，玉山子是一种最常见的玉雕，大多陈设在书房或卧室，因为它表现的主要是山水田园风光，仿佛一座微缩版的假山，故而得名。玉山子有大有小，大的重达数吨，所用石料种类繁多，如太湖石、灵璧石、汉白玉等；小的则可以手持把玩，一般为名贵玉石，其中以和田玉为首选。

根据颜色不同，和田玉可被细分为白玉、青白玉、青玉、黄玉、碧玉、墨玉等；在质地相同或相近的情况下，以白玉最为尊贵。例如，全身洁白并具有油脂光泽的羊脂玉，就是和田玉中最珍贵的种类。

白玉扳指

北京故宫博物院的珍宝馆里珍藏着一件十分有趣的玉雕，名曰“桐荫仕女图玉山子”，所用材质便是和田玉中的白玉。它长25厘米，宽10.8厘米，高15.5厘米，展现的是婉约清新的江南庭院，艺术场景与故宫所藏油画《桐荫仕女图》十分相似，堪称一幅“立体油画”。虽然这件玉雕的视角仅局限于院门这一狭小的范围，却意境非凡，生动有趣。它的院门为圆月形，一扇门紧闭而另一扇微微打开，两位身着长衣的少女分别立于大门内外，一位手持灵芝，另一位手捧宝瓶，相互对望，像是在窃窃私语。桐荫仕女图玉山子的背后还有一段有趣的故事。清乾隆年间，宫廷造办处玉器坊的玉石匠人用新疆进贡的和田玉雕琢出一只精美的玉碗，剩余的残料正准备丢弃，突然有一位苏州籍匠人灵感涌现，在这块残料上面进行二次创作。他巧妙地利用挖掉玉碗之后的凹陷处，把它设计成为门洞，然后在门洞内外两侧周边雕刻出桐树、蕉叶、山石和石桌，栩栩如生，细致入微。乾隆皇帝对它深爱不已，甚至称它胜过春秋时期的和氏璧。

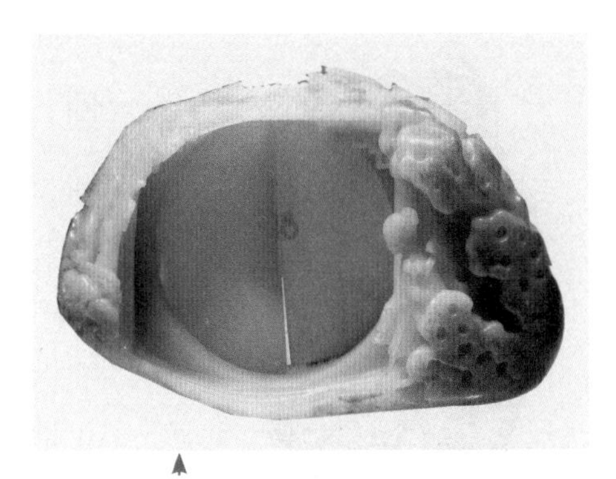

桐荫仕女图玉山子，现藏于北京故宫博物院

北京故宫博物院还陈列着一块大禹治水图玉山子，采用的原料是产自我国新疆和田密勒塔山的和田青玉。它高224厘米、宽96厘米，铜铸底座高60厘米，重5300多千克，是玉石工匠以宋代著名画作《大禹治水图》雕琢而成，整体上仿佛一座大山，远看山峰连绵不绝，浑然天成，近看流水百折千回，白瀑悬空，漫山遍野的苍松翠柏之间是成群结队的劳动人民，他们有的抡锤开山，有的合力抬石，定格的画面生动地展现了大禹当年率领劳动人民战天斗地、开山凿渠的壮观景象，人物劳动情景与山水树木相互映衬，令人叹为观止。

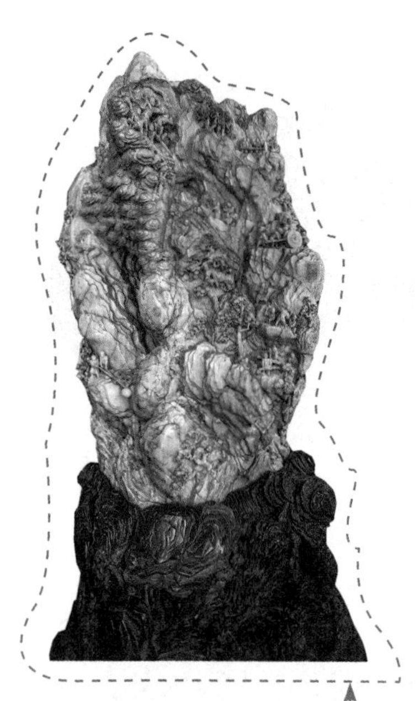

大禹治水图玉山子，现藏于北京故宫博物院

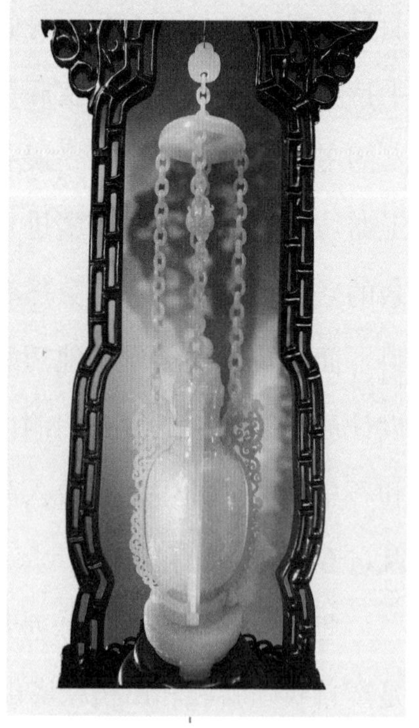

和田玉雕件

和田玉雕件（续）

河南独山玉

在北京北海的团城内，珍藏着一件从元代传下来的巨型玉雕——渎山大玉海。这本是一件贮酒器，又名玉瓮，高 0.7 米，口径 1.35~1.82 米，最大周长 4.93 米，腹深 0.55 米，重约 3500 千克，仿佛一座玉池，故而用“玉海”来命名。渎山大玉海外部雕刻波涛汹涌的大海，出没于惊涛骇浪之中的则为栩栩如生的龙、马、猪、鹿等各种动物，气势磅礴，令人惊叹。

史料记载，这是元世祖忽必烈在 1265 年令皇家玉工制成的，历经 700 多年的沧桑，其间伴随着多次损毁和修琢，能保存至今实属不易。这块玉石究竟采自哪里呢？包括乾隆皇帝在内的古人都曾对这个问题进行过考证，认为它原产于北海公园里面的琼华岛，也有人认为它来自新疆于阗，还有人认为它来自四川岷山。直到 2003

年，地质科学家经过鉴定才最终确定它是来自河南南阳的独山玉。

独山玉，因产于河南省南阳市北约 8 千米的独山而故名，也被称为“南阳玉”。这是一种玉质细腻、色泽艳丽的古老玉料，新石器时代的人们就开始利用独山玉制作简单的玉器了。比如，考古学家就在河南南阳的黄山遗址发掘出了多件独山玉制品，而黄山遗址距今已有六七千年，这一发现不仅彰显了独山玉古老的文化，也填补了中原地区新石器时代制玉、用玉的历史空白。此外，在河南安阳殷墟、妇好墓等历史文化遗址中出土的玉器里都发现了独山玉，甚至有学者认为，历史上著名的和氏璧以及用它雕出的秦国传国玉玺所用的玉料都是独山玉。

独山玉的矿物成分较为复杂，其中所含的主要矿物为斜长石、黝帘石、含铬白云母、纤闪石，次要矿物则为普通辉石、黑云母、阳起石等很多种，矿物晶体十分微小，粒径为 0.003~0.15 毫米，所以显得非常细腻。独山玉的莫氏硬度为 5.5~7.0，具有玻璃光泽，通

独山玉原石

常为绿色玉料，但也有其他色调，比如绿色、白色、黄色、红色甚至黑色等，这与独山玉中所含的矿物成分有关。我们平常所见到的独山玉呈现出单一色调的并不多，一般都具有两三种以上的颜色。

根据颜色的不同，独山玉被分为绿独玉、白独玉、褐独玉、红独玉、黄独玉、青独玉、黑独玉以及多种颜色混杂的花独玉等8个品种。其中，以绿色为贵，而且独山玉的颜色越纯正均匀，透明度越高，光泽越强，品质就越好。

独山玉不仅是极好的玉雕材料，而且还可以制成戒指、手镯等饰品，尤其是绿色独山玉，可与翡翠媲美，被誉为“东方翡翠”或“南阳翡翠”。正因为这样，很多人会将独山玉认作翡翠。实际上，二者相比，独山玉的密度略小一些，而且光泽不如翡翠明亮，因此价格相对低一些。

独山玉雕件

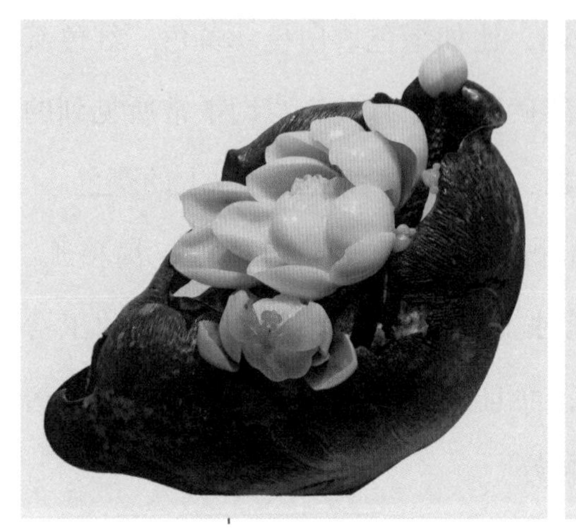

独山玉雕件（续）

辽宁岫玉

我们中华民族一直自称为“龙的传人”，但是龙的形象起源于哪里？最早的龙的形象是什么样的呢？千百年来这一直都是未解之谜。

1971 年，内蒙古翁牛特旗三星他拉出土了一件名为“蜷体玉龙”的珍贵文物，它高 26 厘米，全身呈墨绿色，卷曲如 C 字形，吻部较长，鼻端截平，略上噘，有两个并排的圆洞作为鼻孔，颈背有一长鬣，弯曲上卷，长 21 厘米，占龙体三分之一以上，诸多异乎寻常的特征均已显现出龙的形态。所以考古学家认为，这是我国发现的时代较早的龙的形象之一。更进一步的研究发现，蜷体玉龙是由墨绿色的岫玉雕琢而成，它是我国北方新石器时代红山文化的代表文物，距今有 6000~5000 年的历史，这不仅让中国人找到了龙的源头，也充分印证了中国玉文化的源远流长。

岫玉以产于辽宁省鞍山市岫岩满族自治县而得名，是我国四大名玉之一。岫岩这个东北小县城也因盛产玉石而闻名海内外，这里现已探明储量的矿藏有 42 种，其中岫玉的储量和质量都居全国之首，历史上就是著名的玉石原产地。

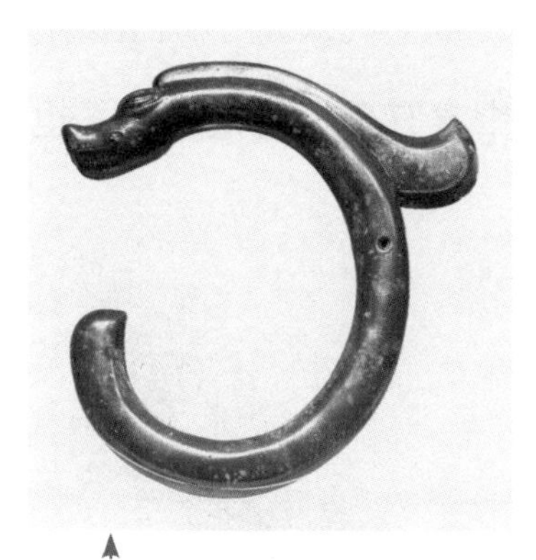

蜷体玉龙，收藏于内蒙古赤峰博物馆

岫玉以块度大、色度艳、明度高、净度纯、密度好、硬度足六大特色吸引着人们的目光。在距今 5300~4500 年的浙江良渚文化遗址，以及距今 3000 多年的河南安阳殷墟妇好墓中，都出土了一定数量的岫玉。

我国河北省保定市著名的满城汉墓，是西汉中山靖王刘胜和他的妻子窦绾的墓。1968 年，我国考古学家对这里进行发掘，发现了举世闻名的金缕玉衣。这是汉代皇帝和高级贵族死后所穿的殓服，用金丝将玉片穿成人体形状，经专家鉴定，其中的一部分玉片就是岫玉。

岫玉质地细腻，通常为半透明，表面具有如同油脂般的光泽，矿物成分较为复杂，所含矿物主要为蛇纹石，常见有绿色、黄色、白色等多种颜色。由于岫玉中的主要致色元素为铁，二价铁离子

岫玉原石

决定了岫玉的绿色色调，三价铁离子使岫玉的颜色发黄，这二者的含量不同决定了岫玉颜色在黄色、绿色之间略有差异。其次，岫玉中含有少量的锰元素，也对岫玉的颜色产生一定的影响。

岫玉雕件

岫玉的储量较大，经常可以开采出巨大的玉料，每块在几十千克至几百千克之间，甚至个别玉料能达到数吨重。1960 年，岫岩的几名矿工在工作过程中偶然发现了一块巨大的玉石，20 多个矿工手拉手都围不过来，重量达 260 多吨，是当时世界上发现的最大的玉石，被人们称为“玉石王”。1995 年，矿工又在岫岩县发现了一块更大的岫玉，它高 25 米，最大直径 30 米，总体积达 2.4 万立方米，总重量约 6 万吨。1997 年，人们在井下 300 多米深处开采出一块重 12.6 吨的岫玉，是世界上取自井下原生矿床的最大的玉石，所以被称为“井中王”。1998 年，岫岩县的一位农民在自家院子里打井时，挖出了一块重约 8 吨的岫玉，被誉为“河磨王”，是当时世界上发现的最大的玉石之一。它看起来十分粗糙，其外表是玉石经过风化之后形成的包裹物，即玉璞，这样的玉石通常形成于亿万年前的河床中，所以叫作“河磨玉”。

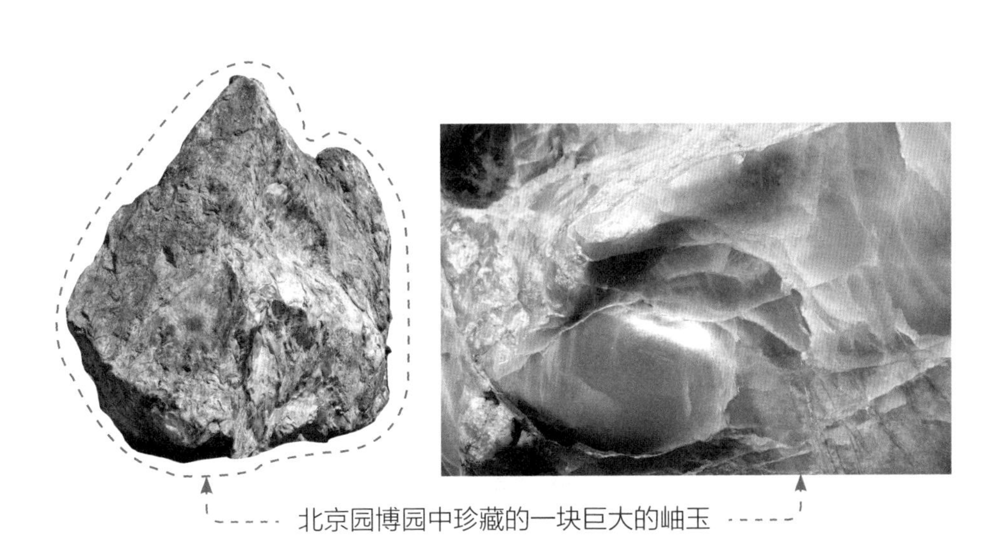

北京园博园中珍藏的一块巨大的岫玉

湖北绿松石

绿松石因“形似松球，色近松绿”而得名，但实际上它的原名叫土耳其石。早在5000多年前，古埃及人就在连接非洲和亚洲的西奈半岛上开采这种玉石。它们大部分经土耳其被运进了欧洲，故得名土耳其石。

绿松石原石

据说，为了获得这种玉石，古埃及法老专门成立了一个2000多人的矿工组织，由军队护送，经过长途跋涉来到西奈半岛，采掘绿松石。这些矿工每日辛苦工作，每3年才能回家一次。这样的开采方式一直持续了2000年。尽管如此，绿松石的产量也不高。根据历史统计，绿松石一年的产量大约只有400千克。

在现今发掘的埃及墓葬中，人们发现了许多绿松石饰物，比如古埃及著名的图坦卡蒙王的黄金面具上，就使用了大量的绿松石。虽历经几千年之久，依然色泽鲜艳。

绿松石属于贵重玉石之一，在许多国家都备受推崇。西方人认为，佩戴绿松石饰品可以得到神灵护佑，给远征的人带来成功和好运。17世纪的俄国，人们在宝剑的剑鞘上镶嵌绿松石，期望获得庇护。古波斯人、古埃及人、古印第安人等都把绿松石当作辟邪的护身符。

我国使用绿松石的历史更为悠久，早在新石器时代，人们已经发现并使用绿松石作为装饰品。在我国各民族中，最爱绿松石的当属藏族。藏族人民认为它象征着吉祥与平安，无论是项链、手镯，还是衣服上的挂饰，都能见到绿松石的身影。然而，我国绿松石最主要的产地并不在西藏，而是在湖北、河南与陕西的交界地带，其中以湖北出产的绿松石最为著名。在陕西白河县月儿潭、河南淅川县刘家坪以及新疆哈密市、青海乌兰县等地，也有绿松石产出。

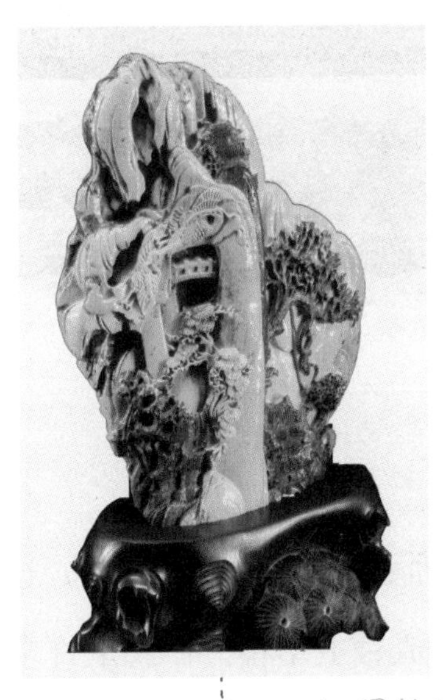

绿松石雕件

从矿物成分上来看，绿松石是一种由水和铜、铝组成的磷酸盐矿物，通常还会含有铁、锌等。因为含铜，绿松石的基本色呈现出蓝绿色，自然界中的长石等含铝的矿物以及磷灰石等含磷的矿物，遇到含铜的水溶液时，两者之间会发生复杂的化学反应，从而在岩石的裂隙中沉淀形成绿松石。

地质学家研究发现，正是由于绿松石中的铜和铁的含量变化，才使得绿松石产生颜色上的变化。其中，铜离子决定了绿松石的蓝色基调，随着铁含量的增加，它的颜色会逐渐由灰蓝色变成天蓝色，然后变成蓝绿色、绿色、土黄色。在珠宝界，以天蓝色的绿松石最为贵重。

3. 常见玉石

俗话说“黄金有价玉无价”“乱世藏金，盛世藏玉”，这把玉石推向了极高的地位。然而，玉石有成百上千种，广义上许多用于工艺美术雕刻的矿物和岩石都会被称为玉，除了号称“玉石之王”的翡翠以及“四大名玉”之外，其他的中低档玉石更为常见，例如蓝田玉、青金石、孔雀石、汉白玉等。

蓝田玉

陕西省西安市的蓝田县，地处秦岭北麓、关中平原东南部，是人类先祖的发祥地之一，曾以发现蓝田猿人而著称。这里自古以来就是关中通往东南诸省的要道之一，历史文化十分悠久。不仅如此，当地还出产美玉，唐代著名诗人李商隐的诗句“蓝田日暖玉生烟”，让蓝田玉声名远扬。

1975 年 7 月，位于陕西兴平市的汉武帝茂陵出土了一块重达 10.6 千克的灰绿色玉雕，整体造型呈方形扁身，上面雕琢有青龙、白虎、朱雀和玄武四种图案。考古学家认为，这是我国古代建筑大门上衔着门环的底座，名为铺首。后经地质专家鉴定发现，这件玉铺首所使用的材质是蛇纹石化大理岩，主要成分为方解石和蛇纹石，并认为这就是传说中的蓝田玉。

蓝田玉是一种质地细密坚韧的玉石，通常为白色，表面常有绿色斑纹或云雾状花纹。其实，这种岩石并不罕见，但深厚的文化内涵使它成为远近闻名的玉石。2004 年 4 月，蓝田玉被指定为中国国家地理标志保护产品。这就意味着，历史悠久的蓝田玉以崭新的姿态走进千家万户，它背后的传统文化也在不断地得到传承和发扬。我国著名的西北大学有一个独具特色的毕业仪式，自 2015 年起每到学生毕业之际，都会为毕业学子送上一枚蓝田玉印章，印章一侧刻有校训，另一侧刻有校徽和毕业年份，底部刻有学生姓名。这枚印章做工精美，既可以使用，又可以观赏和收藏。

蓝田玉原石

青金石

我们常说的青金石是一种成分复杂的变质岩，它以青金石矿物为主，是同时含有少量的方解石、透辉石、云母、角闪石等杂质的矿物集合体。因此，它的颜色具有一定的变化范围，呈暗蓝、蓝紫、天蓝或浅蓝色，这是由其中所含各种矿物成分的多少不同所决定的。

青金石的形成与岩浆活动密不可分，当岩浆活动时，散发出的热量和挥发性物质，会导致周围的岩石发生改变，从而产生大量新的矿物。地质学上称这种变质作用为“接触交代变质作用”。青金石就是这种变质作用的结果。

青金石在全球的产地不多，开采历史最早、最负盛名的当属阿富汗的巴达赫尚省，其中有一处矿床已经持续开采了6000多年。此外，在南美洲的安第斯山脉、俄罗斯贝加尔湖西部、意大利、阿根廷等地也有少量产出。虽然我国的很多壁画上都用到了青金石颜料，而且在一些古墓中也发掘出了青金石饰品，但都是通过丝绸之路从阿富汗进口的，迄今为止我国还没有发现青金石矿床，不得不说这是一件遗憾的事情。

考古学家发现，早在公元6世纪时，阿富汗的一些洞穴壁画就开始使用青金石粉末作为颜料，此后在中国、印度以及欧洲等地都有类似的发现。在中国，青金石颜料被称为“群青”，因其颜色深邃、持久不褪色而深受人们喜爱。我国甘肃敦煌莫高窟、新疆克孜尔石窟以及山西大同云冈石窟的壁画上，那历经了千百年依然色彩鲜艳的蓝色都采用了用青金石粉末制成的颜料。

但是，青金石产地偏远、产量稀少，常常处于供不应求的状态，导致它的价格十分昂贵，令人望而却步。英国国家美术馆珍藏有一幅意大利艺术家米开朗琪罗的作品，奇怪的是画面右下角出现了大片空白，有人说是颜料脱落了，而实际上这是一幅未完成的作品，原因在于，1500 年米开朗琪罗在创作这幅作品时迟迟没有等到他需要的青金石颜料，最后只好放弃了。怪不得人们说青金石是“最奢侈的颜料”！

直到 1826 年，人们通过化学方法人工合成了群青颜料，它不仅质地更细腻、更均匀，而且价格大大降低，从此开始慢慢取代了天然群青。例如荷兰后印象画派的著名画家文森特 · 凡 · 高在 1889 年 6 月创作的绘画《星月夜》就使用了合成群青。

如果我们仔细观察青金石，就会发现其中点缀着许多闪闪发光的金色矿物，就像是繁星点缀在天幕上，因此，在我国古代青金石还有“金精”的别称。实际上，青金石中的金色矿物并不是真正的

青金石中金黄色的黄铁矿清晰可见

黄金，而是黄铁矿，它不仅具有铜黄色，而且有明亮的金属光泽，常常能骗过人们的眼睛，让大家误以为是黄金。当黄铁矿散落于深蓝色的青金石之上，恰似满天金星，闪闪发光，十分迷人。

青金石制成的饰品

青金石矿物深埋地下，历经数千万年的时间才得以形成。小块头的青金石不算少，艺术家们通常将它雕刻成山景、花鸟虫鱼，或是做成手镯、项链、玉佩等首饰。大块头的青金石却极罕见。在俄罗斯圣彼得堡国家冬宫博物馆内珍藏着一个巨大的青金石瓮，它体型巨大，高达 2 米，质地纯正，色泽艳丽，可谓是青金石中难得的珍品。

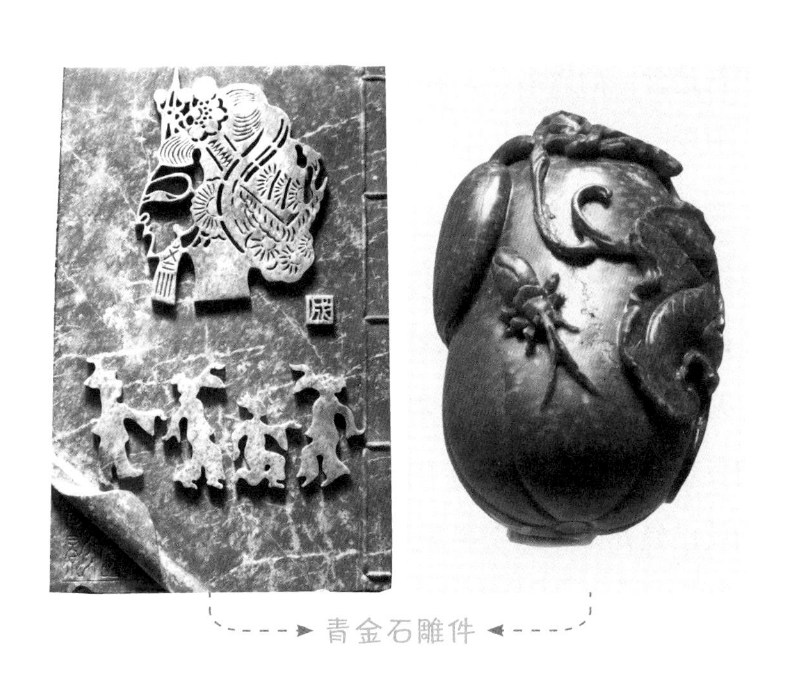

青金石雕件

青金石雕件（续）

孔雀石

孔雀石是自然界中最美丽的宝玉石之一，自古以来就深受人们的喜爱。它的颜色非常鲜艳，有些为淡绿色，有些为深绿色，酷似孔雀羽毛上的绿斑点，而且通常有圆滑的条带和同心环状花纹，这使得它成为最易辨认的玉石之一。

孔雀石是含铜的碳酸盐矿物，单晶体为亮绿色、半透明的柱状或针状，但实际上单晶体十分少见，大多数都是不透明的钟乳状或葡萄状矿物集合体。通常来说，小于 2 克拉的单晶体孔雀石可作为刻面宝石；带有美丽条带和花纹的致密孔雀石常被制成圆形珠子作为珠宝首饰；形态奇特的钟乳状天然孔雀石常被做成盆景和观赏石；块头较大的无裂痕孔雀石则用作玉雕。

人们发现并使用孔雀石始于公元前 3000 年左右的古埃及时期，那时人们就已经开始在西奈半岛和埃及东部沙漠中进行开采。在古埃及人的眼里，绿色的石头具有神奇的魔力，因为绿色是新生植

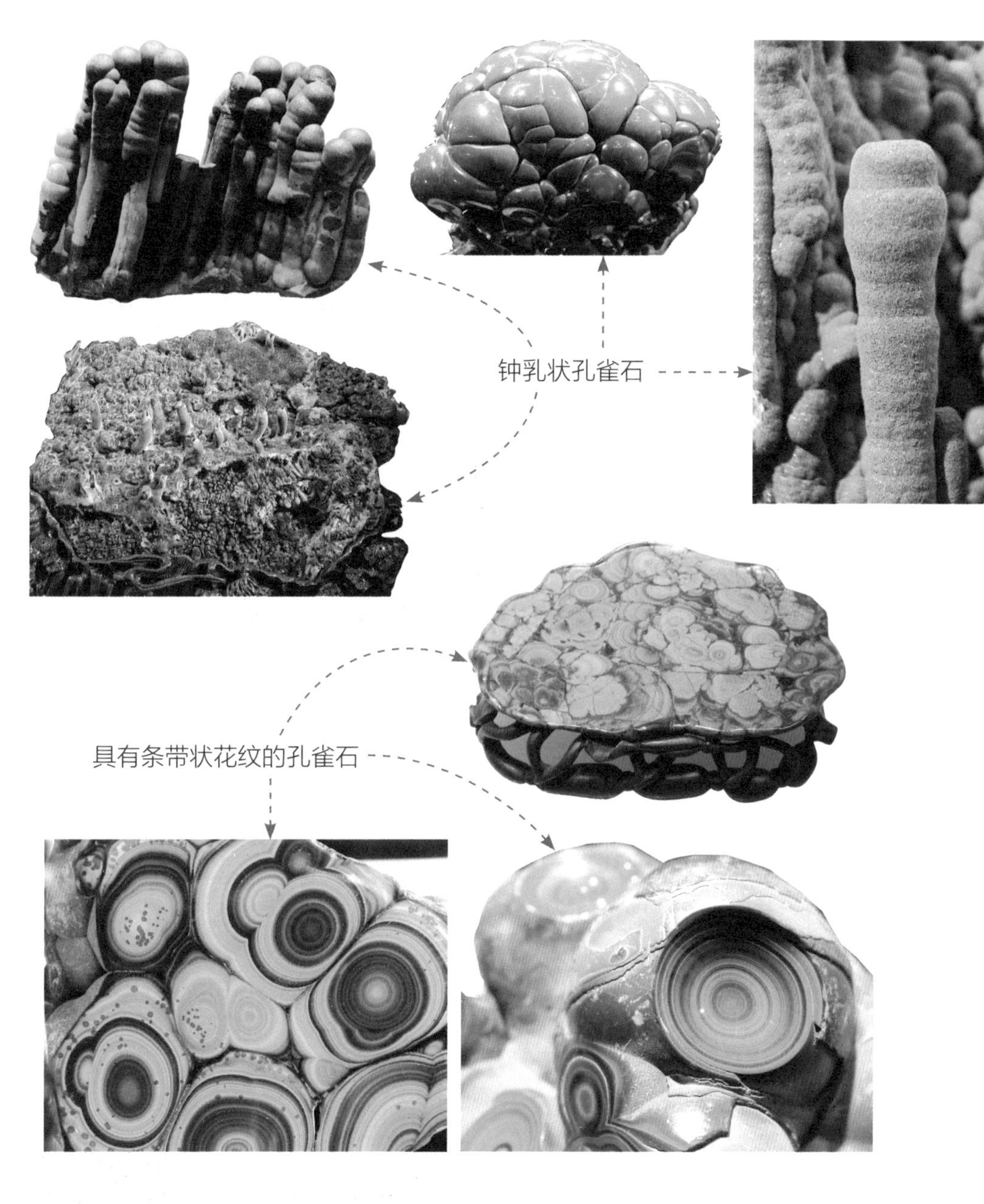

物和庄稼的颜色，象征着健康和繁荣。他们有时候会将孔雀石放在木乃伊中，表示对未来的美好期望。

孔雀石一般形成于含铜硫化物矿床的氧化带。因为含铜硫化物很不稳定，在风化过程会被氧化、分解，在岩石裂缝及洞穴中形成易溶于水的硫酸铜，然后与石灰岩发生作用，于是就形成了孔雀石。

孔雀石常与自然铜、赤铜矿和辉铜矿等共生，所以，人们把它当作寻找铜矿的重要线索。南宋时期著名地理学家范成大曾称之为“铜之苗”，正是这个道理。事实上，孔雀石中的铜含量很高，约为57.4%，当它大量聚积时可以直接作为铜矿石开采。

绿色孔雀石与蓝色蓝铜矿共生

我国湖北省大冶市有一座古老的山，山势险要，巨石嶙峋，每当大雨过后，山上就会泛出点点绿色，等走近一看才发现这些绿色的小点点都是美丽的孔雀石。后来，人们就称这座山为“铜绿山”。铜绿山自古以来就是重要的铜矿产地，考古学家在其中的一处西汉冶铜遗迹中，不仅发掘出了铜镜残片等生活遗物，还发现了铜矿石、粗铜块和残炉壁等矿冶遗物，这里的铜矿石就是孔雀石。

俄罗斯的乌拉尔山脉曾是世界上最重要的孔雀石产地，人们曾经在这里发现过一些整块的重达几十吨的孔雀石。圣彼得堡

考古学家发现的孔雀石，是我国商代工匠用以炼铜的矿石

冬宫里有一个孔雀厅，厅内的巨大立柱、壁柱和壁炉全部由鲜绿色的天然孔雀石装饰而成，色彩鲜艳，雍容华贵，令人叹为观止。如今，乌拉尔山脉的孔雀石产量很少，目前进入宝石市场的孔雀石主要来自于刚果民主共和国，我国的广东阳春、湖北大冶等地也有产出。由于孔雀石的原料来源有限，现在的价值正在逐年攀升。

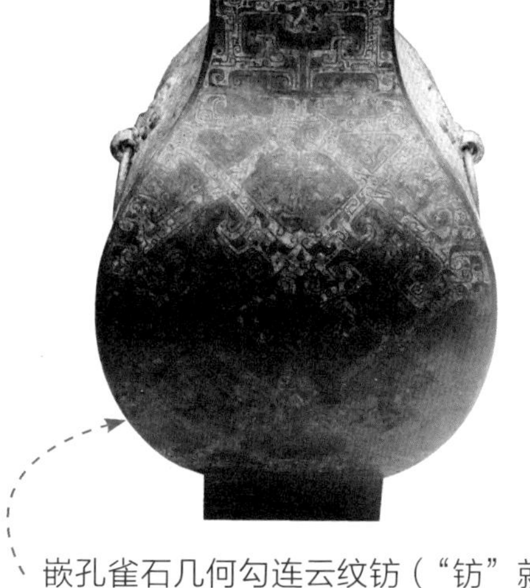

嵌孔雀石几何勾连云纹钫（“钫”就是方形腹的壶），是战国中期的一种盛酒器，表面镶嵌大量孔雀石，十分华丽，具有很高的文化艺术价值，现存于国家博物馆

汉白玉

汉白玉是最受欢迎的玉石品种之一，以晶莹洁白、易于雕刻以及价格低廉等特点而著称，是工匠师傅雕刻石像、石狮子以及各种样式的装饰摆件的理想玉料。

南唐后主李煜在词中曾写到“雕栏玉砌应犹在，只是朱颜改”，他所说的“雕栏玉砌”其实指的就是汉白玉栏杆。这表明，汉白玉在很早以前就是我国常用的建筑石材。

从矿物成分来看，汉白玉属于大理岩，在石材行业通常被称为大理石。说起大理石，几乎是无人不知，在宾馆、酒店、机场、车站、码头等富丽堂皇的建筑内几乎都能见到它的身影。因为大理石经过切割和打磨后具有很高的耐磨性和光洁度，可防水、防冻，而且具有独特的纹理和图案，形似天然的山水风景画，所以常被用来做成地板砖或石雕等。比如印度著名的古迹泰姬陵，里面的殿堂、钟楼、尖塔、水池等全部是由纯白色的大理石建造，显得十分庄严肃穆。

大理岩因盛产于中国云南大理而得名，它是一种变质岩，是由石灰岩、白云岩等经过变质作用形成的，其中的主要成分是方解石和白云石。一般情况下，大理岩为白色，随着其中所含杂质成分的变化，颜色也变化多端。比如，含有氧化铁较高的呈现为红褐色，含橄榄石较多的呈现出绿色，含泥质较多呈现为黄色，含氧化锰较高的呈现为红色，含有机质、沥青等则呈现出深浅不一的黑色。

结构均匀致密、颗粒细腻的白色大理岩被称为汉白玉，是大理岩中较名贵的品种，常被用来制作成宫殿中的石阶、护栏和雕塑等，代表着圣洁、庄严、静穆。北京天安门广场上的华表、人民英雄纪念碑上面的浮雕，以及故宫里的台阶和栏杆都是采用的汉白玉，产自北京房山区大石窝镇。大石窝的汉白玉质量上乘，开采历史悠久，闻名国内外。虽然我国的河北省丰宁县及曲阳县等地也有汉白玉资源，但业内人士普遍认为只有大石窝所产的汉白玉才是最正宗的。

汉白玉原石

汉白玉雕件

汉白玉华表

园林里的景观石

1. 毁誉参半的太湖石

它是被誉为“四大名石”之首的太湖石，造型奇特，姿态万千，曾备受推崇，却也曾饱受非议。它究竟有哪些离奇的故事，又有什么与众不同的特点呢？

千古名石

北宋徽宗时期，全国有许多名贵的花木和石头被运往东京（今河南开封），史称“花石纲”，其中主要是太湖石。宋徽宗用它们建造了一座名叫艮岳的皇家园林。艮岳的主峰高 140 多米，山上栽种着从各地搜罗来的奇花异草，还养着梅花鹿、仙鹤等珍禽异兽。谁曾想，东京城被金人攻陷后，城内的金银财宝被洗劫一空，就连整座艮岳也被拆掉，除一部分太湖石被宋高宗南迁时运走，其余大部分都被金人运往中都（北京），点缀在一座岛上，即如今北海公园的琼华岛。到了明清时期，琼华岛上的部分太湖石又被移走，用于装饰颐和园、圆明园及紫禁城的御花园。

从江南到东京，再到琼华岛，最后散落于各大园林，太湖石历尽了波折，也见证了历史。如今，在北京故宫博物院里仍然能够看到许多太湖石。故宫北门旁边就是御花园，这座皇家花园东西宽 140 米，南北长 80 米，园内的花草树木郁郁葱葱，亭台楼阁错落有致。其中，有一座高约 10 米的假山最惹人喜爱，它的山腰处暗藏水缸，通过水管与山前两侧的喷泉相连。它叫堆秀山，是由各种形状的太湖石堆砌而成的。据说，清朝的皇帝常常在重阳节登上堆秀山顶的御景亭，极目远眺，欣赏深秋美景，别有一番滋味。

故宫御花园的堆秀山

太湖特产

太湖石因原产于江苏太湖而得名，主要是石灰岩和白云质灰岩，因长期在水中遭受波浪的冲刷，而且石头中的碳酸钙与弱酸性的水发生化学反应而变得千疮百孔。简而言之，太湖石是山石与流水共同创造的杰作，与我国西南地区的桂林山水、云南石林等著名的岩溶地貌（喀斯特地貌）具有相似的成因。在太湖的东南部，现已建立了国家地质公园，保存有许多地质遗迹，主要是石林、溶洞等岩溶地貌，最早的太湖石也发现于这一带，分为产于湖底的水石和产于山上的旱石两种，其中以水石为贵。

在没有潜水装备和大型机械的古代，人们开采太湖石极其艰难。史料记载，采石工人通常带着锤子和凿子等工具潜入湖中寻找石头。当找到优质的石头之后，工人会在上面凿出孔洞，然后绑上绳索，将绳索的另一端绑在大船的木架上，将石头绞出水面。如果发现有些石头的形态不够完美，工匠就要对它进行一番打磨，然后再将其沉入湖底，待水浪冲刷一段时间之后再取上来。正因为太湖石开采不易，且质优者稀少，所以价值不菲。

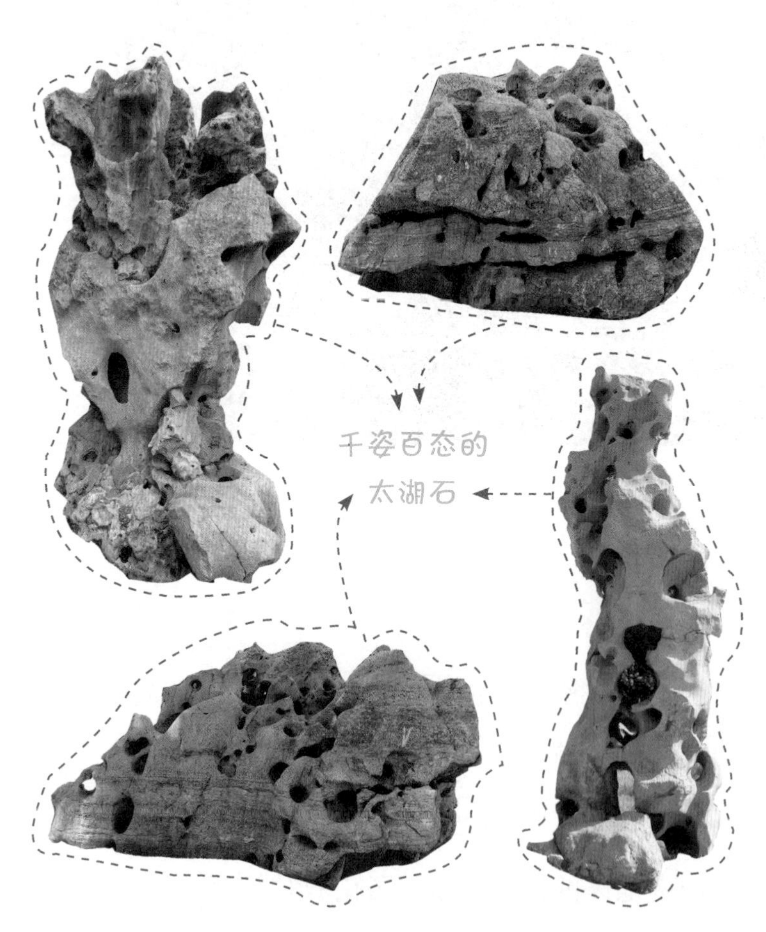

其实，太湖石并不仅仅产于太湖，在我国很多地方都有，如北京西

南的房山、山东沂蒙山区北部的临朐县等地也都发现了相似的石头，它们都是受岩溶作用侵蚀的石灰岩，外观也十分相似，被人们称为“北太湖石”。

产于山东沂蒙山区北部的“北太湖石”

最美的太湖石

我国源远流长的赏石文化始终追求意境之美，与宝石、矿物收藏鉴赏不同的是，人们更注重奇石的外形特征，并常常通过丰富的联想赋予其更多的文化内涵，太湖石就是这样的典型代表。在我国园林艺术中，太湖石有着独特的身姿和神韵，有时堆砌成山，有时雕琢成盆景，鬼斧神工，妙趣横生。

宋代著名书画家米芾酷爱石头，见到自己喜欢的石头，就和它称兄道弟，甚至对着石头三叩九拜。对于鉴赏太湖石的优劣，米芾提出了著名的四字诀，即“瘦、皱、漏、透”。所谓的“瘦”，指的是石头体态挺拔秀丽，“皱”指其凹凸相间有序，“漏”指孔洞层层相套，“透”指孔洞贯通。上海豫园的玉玲珑、苏州留园的冠云峰和苏州原织造府的瑞云峰等，相传都是宋代花石纲的遗物，皆具备了瘦、皱、漏、透的所有特征，因而成为江南园林石中的极品。

苏州留园的冠云峰

2. 有声有色的灵璧石

2020 年 10 月 18 日，在北京举行的一场拍卖会上，明代宫廷画家吴彬的《十面灵璧图卷》以 5.129 亿元成交，打破了中国古代书画艺术作品拍卖价格的世界纪录。这幅画究竟有什么魅力，为什么身价会这么高？要回答这个问题，需要从一块灵璧石说起。

米万钟的非非石

前面提到过，北宋著名书画家米芾酷爱奇石到了如痴如狂的地步。几百年后，他的后世子孙里面竟然又出现了一位这样的“怪人”，不仅书画艺术得到米家真传，对石头的热爱之情也丝毫不减，这就是明末著名书画家米万钟。

米万钟一生收藏了许多奇石，其中有一块精美的灵璧石，高约 60 厘米，棱角分明，犹如微缩的重峦叠嶂，但又似山非山，似木非木，故而称之为“非非石”。1610 年，米万钟邀请宫廷画家吴彬为他的非非石做幅画。吴彬极其擅长山水田园画，可是当他面对一块仅仅半米多高的石头该如何下笔呢？经过仔细观察，吴彬发现这块灵璧石从不同的角度看都有不同的意境，于是他就从前、后、左、右、前左、前右、后左、后右、前底、后底共十个方向分别进行绘画，最终完成了十幅图，合称为“十面灵璧图卷”。吴彬创造性地从微观角度展现山石之美，用二维平面的方式把一块三维立体的奇石展现得活灵活现，在每幅图的旁边，米万钟都留有简短的文字描述，可谓珠联璧合，最终创作了这幅价值连城的旷世杰作。

《十面灵璧图卷》之所以如此珍贵，除了绘画和书法本身的艺术价值和历史价值之外，画面的主角——那块万中无一的非非石无疑更让人感到好奇。遗憾的是，这块珍贵的灵璧石早已消失在人间，但同类的奇石仍在向我们讲述着过去的故事。

造型奇特的观赏石

灵璧石产于我国安徽省灵璧县，是一种致密的石灰岩，主要矿物成分为方解石，另有少量白云石、石英、黏土类矿物和含铁矿物，硬度较低。在数亿年前，沉积作用形成了厚厚的碳酸盐岩，在后期的风化作用和含有二氧化碳的弱酸性水的溶蚀作用下，由于内部结构不均匀和溶蚀作用的差异性，才导致了灵璧石表面出现大量的孔、洞、沟、槽。

灵璧石造型多样，千姿百态，块头比较大的可以放在公园里作为景观，块头较小的可以放在书桌上作为装饰。在历代封建帝王和诸多文人雅士的追捧之下，它的价值逐渐升高，最终成为与江苏的太湖石、广东的英德石和南京的雨花石齐名的“四大名石”。

古人评价灵璧石的优劣主要依据米芾提出的四字诀，即“瘦、皱、漏、透”。但有人认为，虽然这四个字对于评价观赏石具有普遍意义，但它主要考虑的是石头的外形特征，而灵璧石的颜色和纹理图案也是重要的评判标准。

现已发现的灵璧石，按照颜色和纹理图案的不同，可以分为青黛灵璧石、白灵璧石、红灵璧石、五彩灵璧石等很多种类，但以黑、红、白三种颜色为基本色。这主要与其中所含的致色元素有关，

青黛灵璧石

白灵璧石

红色是因氧化作用形成氧化铁造成的，黑色源于有机碳的含量较高。

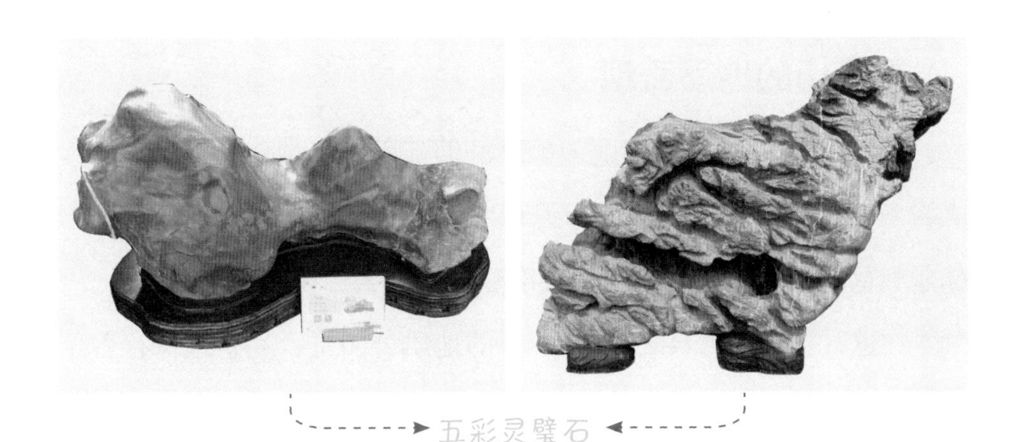

五彩灵璧石

声如青铜的“八音石”

灵璧石的历史十分久远，最初是作为乐器磬石使用。早在商代的甲骨文中就有“磬”的象形字，这个字左上方酷似架子上用绳子悬着一块石头，右下方像一个人执槌敲击的模样，极其形象地表达了字面意思。由于磬是古代乐器分类“八音”中“石”的代表乐器，所以灵璧磬石又有“八音石”的别称。

然而，不同质地和形态的灵璧石，它们的音色和音调也有所区别。一些质地较好的灵璧石，敲击时会发出类似金属的声音，古人称赞它“声如青铜色碧玉”。所以，在评价灵璧石的优劣时，“声”也是重要的标准之一，这也是灵璧石有别于其他观赏石最突出的特点。

据专家研究发现，灵璧石之所以能够发出清脆悦耳的声音，一方面是因为它的矿物成分比较单一、杂质很少；另一方面在于它的结构构造，矿物颗粒细小、致密、均匀的灵璧石声音相对更好听。

磬云山的地质奇观

2010 年，灵璧石被批准为灵璧县的“国家地理标志保护产品”，成为当地一张闪亮的名片。为保护与灵璧石有关的地质遗迹，国家林业和草原局在灵璧县渔沟镇批准建设了磬云山国家地质公园。

在这片面积大约 4.25 平方千米的地质公园里，完整地保存着罕见的喀斯特地貌，也非常直观地展示了灵璧石的形成过程。但是，这里的可溶性岩石位于地表或土层以下比较浅的部位，与南方地区经常出现的溶洞、地下河等深部喀斯特地貌具有明显差异。

磬云山国家地质公园还完整地保存着一处宋代采坑遗址，面积约 60 平方米。还有一块明朝洪武年间开采后又被遗弃的巨石，虽已历经数百年，却依然在默默地向我们讲述着灵璧石曾经的辉煌历史。

随着储量的不断减少，灵璧石变得越来越珍贵，它曾经以园林观赏石的身份走向全国各地，现如今它又衍生出了很多新颖的文创产品，比如磬石琴、磬石镇尺、石雕茶壶等，使这种古老的观赏石焕发出新的时代气息。

3. 假山盆景英德石

奇石有成百上千种，有人喜欢太湖石的大气磅礴之美，有人喜欢雨花石的小家碧玉之美。如果要说哪种奇石能同时满足不同人的品位，英德石就是典型代表之一。

婀娜多姿的园林景观

英德石作为观赏石具有十分悠久的历史，早在五代时期就已经开始开采，虽名气不如太湖石，但也被广泛用于装饰园林景观。在大名鼎鼎的“江南三大名石”中，上海豫园的玉玲珑和苏州留园的冠云峰都是北宋的花石纲遗物太湖石，而杭州竹素园的绉云峰则是英德石。它高约 2.6 米，最窄处仅为 0.4 米，玲珑多窍，遍布褶皱，宛若一位翩翩起舞的妙龄少女，以“瘦”和“皱”著称于世。

杭州竹素园的绉云峰

从成因角度看，英德石与太湖石十分相似，都是流水的岩溶作用形成的碳酸盐岩，属于沉积岩中的石灰岩，主要化学成分都是碳酸钙。只不过产地不同，在岩溶地貌（喀斯特地貌）的发育过程中所受到的外部侵蚀条件存在差异，所以形成了不同的特征。太湖石以灰白色为主，而英德石则多见青色、灰黑、浅绿色，而且常有白色网状石英脉贯穿其中，即俗称的“石筋”。

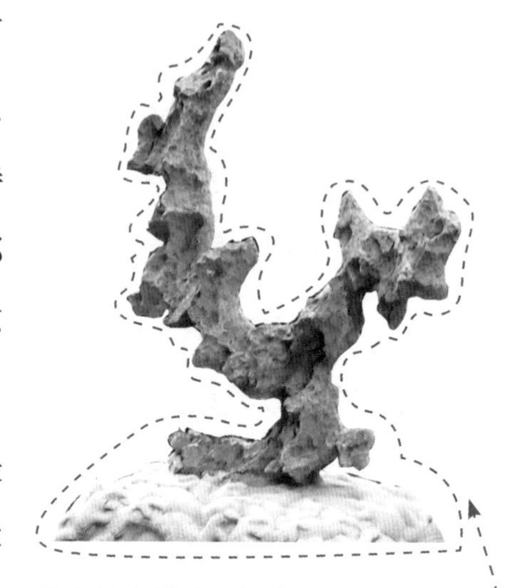

北京故宫博物院御花园里的英德石

在浙江省湖州市的南浔古镇有一座著名的张石铭旧居，建于清朝光绪年间，是清末民初江南富商张石铭的住宅，集中西方建筑风格于一体，气势恢宏，富丽堂皇，号称“江南第一民宅”。由于张石铭爱好收藏奇石，院内安放的园林奇石随处可见，其中最著名的一块是位于前庭的英德石，高约 1 米，瘦骨嶙峋却浑然一体，浑身上下刻满了历经沧桑的痕迹，造型酷似一只展翅翱翔的雄鹰，所以被人们形象地称为“鹰石”。

以小见大的假山盆景

英德石还受到盆景艺术家的青睐。我国的传统盆景艺术通常是用石、水、土及植物做基本材料，在盆内塑造自然景观，以小见大，展现山林野趣，被称为“无声的诗、立体的画”。有些英德石本身就能呈现出山峰的形态，有些则需要经过适当的切割和拼接，更好地展现高低起伏和结构纹理，突显出山重水复、层峦叠嶂的意境之美。用英德石制作盆景是英德市民间能工巧匠的一项绝活，2008 年，这项技艺入选第二批国家级非物质文化遗产名录。

英德石也叫作英石，它的另外一种常见用途是作为砚台的石料。与普通砚台不同的是，用这种石料做成的砚台仍然保留着石头自身的姿态美，既可以作为研墨用的砚，也可以作为观赏的假山，故而被称为“英石砚山”。此外，英德石还可以做建筑装饰的石材。2015 年，英德市宝晶宫景区建造了一座英德石主题酒店，酒店内外到处都铺满了颜色各异的英德石，铺贴面积达 3 万平方米，耗费英德石约 20 万块。走进这座富丽堂皇的酒店，就仿佛走进了琳琅满目的英石博物馆，让人大饱眼福。

英德石盆景

广东省英德市被誉为“中国英石之乡”，这里英德石的资源储量很高，未来的发展潜力巨大。据地质调查数据显示，英德市的喀斯特地貌面积约 533 平方千米，英德石储量超过 625 亿吨，在它的主产区望埠镇的英山以及周边多个乡镇都有英德石产出。当地人靠山吃山，既依靠石头走出了致富道路，也彰显了地方文化特色，让我国底蕴深厚的赏石文化不断发扬光大。

五

手心里的观赏石

1. 玛瑙

俗话说“千种玛瑙万种玉”，在整个玉石家族中，若要比一比颜色种类与花纹样式谁最多，恐怕谁都不敢与玛瑙相媲美。世上找不出两块完全相同的玛瑙，每一块玛瑙都称得上是一件与众不同的艺术品。它们究竟是如何形成的？又有哪些特殊的魅力呢？

最常见的玉石

玛瑙堪称人们最易获得的玉石种类之一，它的产地多、产量大，价格十分低廉，很早以前就被人们熟知。如果从矿物成分来看，玛瑙跟石英算是“近亲”，因为它们的主要成分都是二氧化硅，只不过玛瑙是隐晶质的形态，也就是说它是极微小的矿物颗粒组成的。与普通石英不同的是，玛瑙具有不同色彩的条带状花纹，古人看到这种花纹就联想到马的脑子，于是“玛瑙”之名就由“马脑”逐渐演变而来。

玛瑙原石

玛瑙常被用来雕刻成

各种精美的小物件，例如棋子、手串、印章、鼻烟壶等，花样繁多，各具特色。我国考古学家在广西合浦县发现的汉代古墓群中，出土了一些用玛瑙雕刻的小动物，其中有鹅、老虎等，考古学家认为，它们是汉王朝用黄金和丝绸与西域各国进行贸易换来的。这么说，它们还是我国早期海上丝绸之路贸易往来的“见证者”呢。

北京西城区新街口豁口出土的文物，红白玛瑙围棋子

值得一提的是，古人特别喜爱玛瑙制成的盛酒杯子，用它来盛美酒，似乎别有一番滋味。1970 年 10 月，考古学家在陕西省西安市南郊的何家村发现了大量唐代文物，其中有一件玛瑙酒杯，杯子的前部雕刻为牛形兽首，兽嘴处镶金。据考证，这种造型的酒具在中亚和西亚地区十分常见，而且经常出现在胡人的宴饮场面中，因此这件珍贵的玛瑙杯很可能是从西域传来的。如今，这件镶金兽首玛瑙杯珍藏在陕西历史博物馆，被誉为“镇馆之宝”。

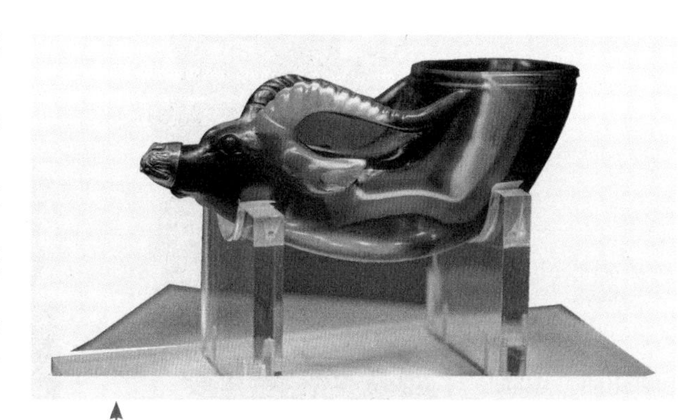
镶金兽首玛瑙杯，藏于陕西历史博物馆

宋代玛瑙碗，以红黄色玛瑙雕琢而成，现藏于中国国家博物馆

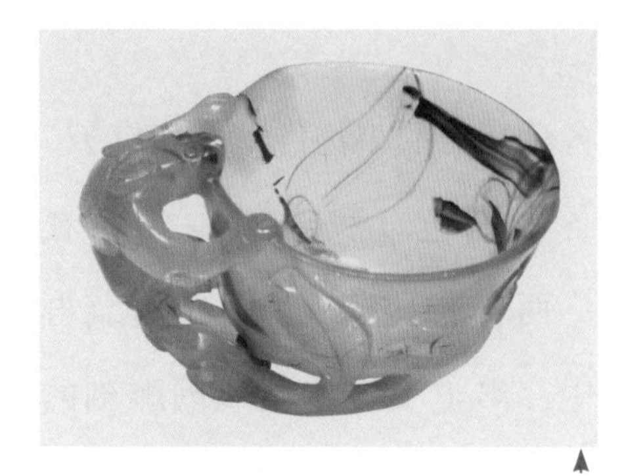

清代玛瑙雕螭耳杯，现藏于北京故宫博物院

清代玛瑙碗，现藏于北京故宫博物院

清代玛瑙如意，现藏于北京故宫博物院

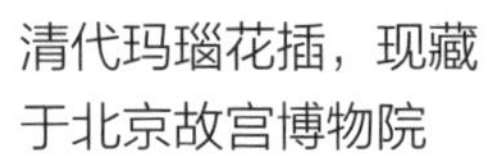

清代玛瑙花插，现藏于北京故宫博物院

色彩斑斓的大家族

人们根据颜色与花纹的不同，给玛瑙赋予了不同的名称：红色的为红玛瑙；天蓝色或深蓝色的为蓝玛瑙；细红白纹相间的为缠丝玛瑙；白色、淡褐色或黑色花纹平行相间的为缟玛瑙；中间有封闭的空洞，并含有空气和水溶液，摇晃时汩汩有声的被称为水胆玛瑙。

玛瑙之所以色彩斑斓，主要是由它的形成过程以及自身所含的化学元素决定的。地下的二氧化硅胶体溶液通常会从岩石孔隙或空洞的周壁向中心逐层填充，在低温条件下快速冷凝固结，当微量的铁、铜、锰等杂质混入就会形成不同的颜色和花纹，比如含铁的为红色，含铜的为绿色，含锰的为紫色。

玛瑙雕件

我国的玛瑙产地有很多，如果你要问名气最大的产地是哪里，那当然要属辽宁阜新了。这里的玛瑙储量大，质量好，历经几千年的开采和加工，到今天已经成为我国最大的玛瑙加工基地和交易集散地，号称“世界玛瑙之都”。现如今，阜新每年都会举办一次玛瑙文化旅游节，各种玛瑙争奇斗艳，异彩纷呈，看上去真是琳琅满目，令人目不暇接。

“天赐国宝”雨花石

成语“天花乱坠”的故事大家应该都知道吧？传说在南朝梁武帝时，高僧云光法师在石子冈（位于南京南郊中华门外）开坛讲经，精诚所至，感动上天，天上纷纷落下花瓣，于是后来就有了“天花乱坠”这个成语。其实，这个传说故事还有后半部分：天上的花瓣飘落之后，落在地上化成了五彩石子，被称为“雨花石”。

南京雨花台，用雨花石铺地

雨花石是产于江苏南京雨花台的一种小石子，外观看起来像圆圆的鹅卵石，直径通常仅为2~5厘米，大小不等，或圆或扁，但色彩十分鲜艳，最重要的是它自身带有独特的花纹和图案，有的像花朵，有的像小动物，还有的像人物造型。尽管块头很小，却有人夸它是“天赐国宝，中华一绝”。

雨花石自身带有独特的花纹和图案，上图分别取名为“红梅”“万山红遍”“樱花烂漫”“钟山夕照”

有学者认为,《红楼梦》中通灵宝玉的原型就是雨花石。《红楼梦》第二回提到贾宝玉“一落胎胞，嘴里便衔下一块五彩晶莹的玉来”；第八回又写道：“宝钗托于掌上，只见大如雀卵，灿若明霞，莹润如酥，五色花纹缠护。”你看，这不正是雨花石的模样吗？

其实，雨花石就是玛瑙的一种。地质学家研究发现，在南京附

南京雨花台的古砾石层及其中的砾石

近分布着一片厚厚的砾石层，形成于300万~1200万年前，是古长江水系的沉积物。这些砾石成分较为复杂，但以玛瑙、燧石等为主。现在发现的雨花石已经不仅仅局限于南京市郊，在安徽、四川、江西等地也有少量分布，但仍以南京所产的雨花石最为著名。

2. 寿山石

在北京举办的一场国际珠宝展上，各种珠宝玉器争奇斗艳，琳琅满目，令人目不暇接。其中有一个展位最热闹，大家都围在一张桌子面前议论纷纷。原来，这里摆满了一桌子的精美“菜肴”，里面有鸡鸭鱼肉、时蔬水果、山珍海味，号称“满汉全席”，真可谓是煎炒烹炸样样齐全，让人馋得直流口水。这究竟怎么回事，为什么珠宝展上会有这么多美食？

以假乱真的“石头盛宴”

大家可要注意了，如果真把它们吃进嘴里小心会硌掉大牙！因为它们并不是真的美食，而是一场别开生面的“石头盛宴”，其中的每一道菜都是雕刻大师的杰作。你看那栩栩如生的螃蟹、颗粒饱满的花生、鲜嫩多汁的草莓……如果不用手触摸，你能发现它们究竟是真是假吗？

要制作这样的“石头盛宴”，不仅需要雕刻大师精湛的技艺，还需要一种十分珍贵的石料——寿山石。寿山石是以叶蜡石、地开石为主要矿物成分的岩石，形成于距今 1.5 亿年左右的晚侏罗世。因火山活动加热了地下水使其变成了富含多种矿物的热液，不断地充填在岩石裂隙中，与周围的流纹岩和凝灰岩发生复杂的化学反应，最终就形成了寿山石。这种岩石石质细腻，硬度不高，易于加工，而且颜色十分丰富，所以深受人们的喜爱，成为名贵的雕刻用石。

寿山石做成的
“石头盛宴”

中国四大印章石之一

寿山石因产于福建福州市东北的寿山而得名，具有十分悠久的历史。我国考古学家曾在福州的一座南朝墓中出土两只寿山石猪俑，后来又在福州的一处宋代墓葬中发现了两个高约 10 厘米、宽约 2 厘米的寿山石俑，距今已有 1000 多年。

寿山石印章

寿山石不仅可以用于制作玉雕，它还是一种十分珍贵的印章石，与内蒙古巴林石、浙江青田石和浙江昌化的鸡血石一起被誉为“中国四大印章石”。据说，明朝有一年科举考试时天气异常寒冷，很多考生的印泥都被冻住了，答完试卷之后竟无法盖上自己的印章，只有那些使用寿山石的福建考生能够使印泥化开，从此之后，寿山石更受尊崇。

寿山石雕件

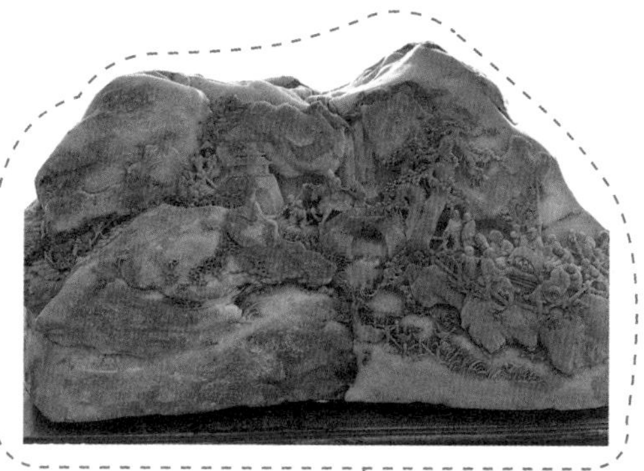

寿山石雕件（续）

一两田黄十两金

寿山石的矿物成分十分复杂，它的种类多达上百种。其中，最著名的当属田黄石，产于溪岸水田的砂砾层中，颜色如同蛋黄，但产量稀少，极为珍贵，曾有“一两田黄十两金”的说法。

田黄石印章

传说，清朝乾隆皇帝曾经做过一个奇怪的梦，梦中他得到了一块黄色石头，上面写着“福寿田”三个字。梦醒之后的乾隆皇帝欣喜万分，于是向文武大臣讲述了这个梦，希望能破解梦中的秘密。一位原籍福建的大臣说道：“‘福寿田’三个字指的是产于福建寿山的田黄石。”乾隆皇帝对这个答案非常满意，后来就将田黄石看作上天赐予的宝物，制作了许多印章和玉玺。

乾隆在做太上皇时，曾用一块巨大的田黄石镌刻了三枚印章，印章间用镂雕的石链连接成一个不可分割的整体，这就是著名的田黄三连印。该印章在历史上曾经失而复得，现珍藏于北京故宫博物院，属于国宝级文物。

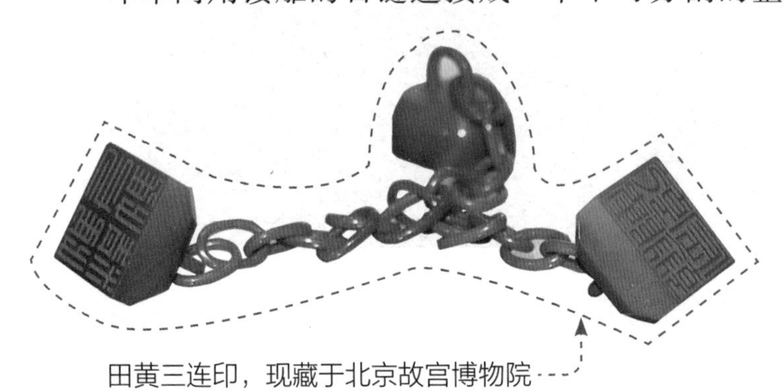

田黄三连印，现藏于北京故宫博物院

3. 鸡血石

鸡血石是我国特有的玉石品种，常被用作雕刻玉料，明代时就是重要的朝廷贡品，王室贵族认为鸡血石可用来镇国安邦，寻常百姓收藏鸡血石则用来辟邪。实际上，最喜欢鸡血石的莫过于那些舞文弄墨的文人雅士，因为它是制作印章的极佳原料，是名副其实的印材之宝。更有人赞誉它是“石中皇后”，可与号称“石中之帝”的田黄石相媲美。

书画家的印章石

清代的康熙、乾隆皇帝都十分喜爱鸡血石，曾经用它制作自己的印玺。著名画家齐白石、徐悲鸿等也都与鸡血石结下了不解之缘，同时也掀起了一股追求鸡血石的热潮。2016 年，在法国巴黎的一场拍卖会上，一方被估价只有 50~60 欧元的印章，最终却以 33 万欧元（近 250 万人民币）成交。这是一方乾隆时期的鸡血石印玺，价格远远地超出了人们的预期。

鸡血石中的“血”其实是一种红色矿物——辰砂。辰砂又名朱砂、丹砂，在我国宋代以后因主要产于湖南辰州（今为沅陵），故而得名。矿物学家把那些经常以细小颗粒出现的矿物叫作“砂”，辰砂便是如此。它的主要成分是硫化汞，颜色呈暗红色、鲜红色或浅红色，磨碎的粉末呈鲜红色，可用来冶炼金属汞，即水银。

由于火山喷发和火山岩的蚀变，含有硫化汞的溶液渗入地开石和高岭石，便形成了鸡血石。辰砂在鸡血石中的含量多少不等，粒度大小以及分散状态也千差万别，所以鸡血石的血色可表现出鲜红、朱红、暗红、淡红等多种颜色。通常来说，辰砂的粒度越小，颗粒分布越均匀，则血色越纯正。

鸡血石印章

浙江昌化鸡血石

鸡血石最早成名于浙江昌化，迄今这里的玉岩山仍然是最著名的产地。然而，昌化鸡血石储量很小，要想得到一块质地上乘的鸡血石玉料十分不易。

古代人们开采鸡血石通常采用的方法是：先在岩石表面烧火，将岩石加热，然后再泼上冷水，反复多次便可以让岩石开裂，然后再用铁铲取出其中的鸡血石。很显然，古代的这种手工开采方法产量有限，到了现代则改用炸药爆破或机器挖掘，但往往破坏性较大。

内蒙古巴林鸡血石

浙江昌化鸡血石开采历史悠久，但资源几近枯竭。直到20世纪70年代，人们在内蒙古自治区赤峰市巴林右旗发现了新的鸡血石矿床，从此之后巴林鸡血石一跃成为玉石家族的新宠，价值与声望直逼昌化鸡血石。

在巴林石博物馆中，一块巨大的“巴林鸡血王”目前市场估价竟然高达6亿元，真是像打了鸡血一样，太不可思议了。所以，当地有句名言：“群马难换鸡血王，一方血章一群羊。”

鸡血石雕件

除此之外，我国贵州铜仁、陕西

旬阳、广西桂林等地也有鸡血石出产。

4. 青田石

传说在很久以前，女娲补天剩下一块五彩顽石，这块石头觉得自己没有了价值而自惭形秽，于是主动要求下界，后来遗落到现在的浙江省青田县一带。青田县以出产青田石而闻名天下，这个美丽的传说也一代代流传下来。

古老的石雕

青田石其实是一种变质岩，主要成分是叶蜡石，由流纹岩和凝灰岩经过变质作用而形成，形成至今已有 1.2 亿 ~1.4 亿年。它质地温润，通常不透明或者微透明，表面呈现出一种蜡质光泽。由于它

青田石雕件

青田石雕件（续）

的成分比较复杂，所以有多种颜色，常见有青色、红色、灰色、黄色、绿色，深受石雕艺术家的喜爱。以青田石为材质雕刻的花鸟虫鱼、山水风景、人物造型神形兼备，细腻精巧，独具特色。

1989 年，考古学家在江西省新干县商代墓葬遗址中发现了 754 件各种类型的精美玉器，其中有一件造型奇特的玉羽人（古代汉族神话中的飞仙），全身枣红色，高约 11.5 厘米，经专家鉴定发现，它的石质为青田石。由此证明，人们认识并使用青田石的历史已经超过了 3000 年。然而，真正让青田石名扬天下的还不是石雕，而是印章。

名贵的印石

自古以来，印章就是文人雅士的身份象征，或是达官贵人附庸风雅的玩物，在我国有着极其深厚的文化底蕴。古人制章，或用金属材料，诸如金印、银印、铜印等，或用玉料，诸如翡翠印、玛瑙印、和田玉印、独山玉印等，或用牛角一类的角质材料，或用寿山石、鸡血石、田黄石等石料，或用黄杨木、梨木等木料，五花八门，种类繁多。色泽清丽的青田石也是其中的石料之一。

史料记载，古人早期常用金属材料或玉料制印，到了唐宋时期才开始使用石料，明朝时石印崛起，其中青田石是最为典型的代表。浙江青田石具有耐潮、耐热、不变形、不变色等许多优点。

与玉印相比，石印的价格相对低廉，而且石料硬度相对较低，易于雕刻，比如翡翠的莫氏硬度为 6.5~7，而青田石

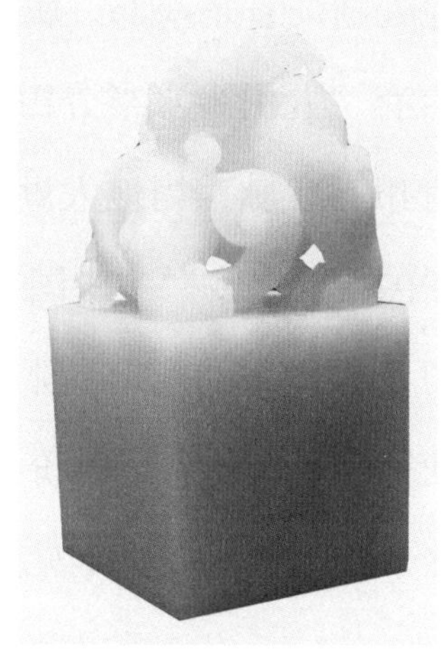

青田石印章

的莫氏硬度仅为2~2.5。在狭小的石面上雕刻出精细的文字需要精湛的技艺，软硬适中的青田石料更利于雕刻者熟练地运用刀法，雕刻的线条细如发丝也不易断裂。清代乾隆皇帝对青田石印情有独钟，他个人收藏的青田石印多达上百方。现如今，北京故宫博物院里还珍藏着多块明清时期流传下来的青田石印章。

稀缺的资源

青田县地处浙江省东南部，属低山丘陵地貌，境内近90%的区域为山地，素有“九山半水半分田”的说法。特殊的地质条件孕育出了稀有的青田石矿脉，当地人世代相传的石雕和篆刻工艺为青田县赢得了“中国石雕之乡”“中国石文化之都”等诸多荣誉称号。

然而，由于青田石的产地局限，开采历史悠久，现存的资源量濒临枯竭，使得市场上的青田石价格越来越贵。最近20年来，青田石的价格上涨了几十倍，个别罕见品种甚至上涨百倍。

5. 矿物晶体

矿物种类繁多，能成为宝石的不过就一二百种而已，绝大多数都深埋于地下默默无闻。近年来，越来越多的人热衷于收藏矿物晶体，使得许多没有资格成为宝石的矿物有机会崭露头角，逐渐摆脱了单纯的工业用途而走进人们的视野，成为收藏家们热捧的“新宠”。

菱锰矿

公元 11 世纪到 16 世纪时期，印加人在南美洲建立了强大的印加帝国，创立了世界闻名的印加文明。印加人发现了精美的菱锰矿晶体，见它形态类似于钟乳石或石笋，切开后可以看到纤细的白色条带，于是就把它当作饰品使用，并给它起了一个美丽的名字“印加玫瑰”。现如今，菱锰矿已被阿根廷尊奉为国石。

菱锰矿的主要化学成分是碳酸锰，通常为透明或半透明，因含有锰而呈现出亮丽的红色。由于它质地较软，容易破碎，很难切割成宝石，大部分只能成为观赏石标本。在美国、阿根廷、德国、西班牙等国家和地区都有大量矿床，我国贵州遵义、湖南湘潭、辽宁瓦房店、广西梧州等地也有产出。但作为收藏标本，质量最好的菱锰矿来自美国。

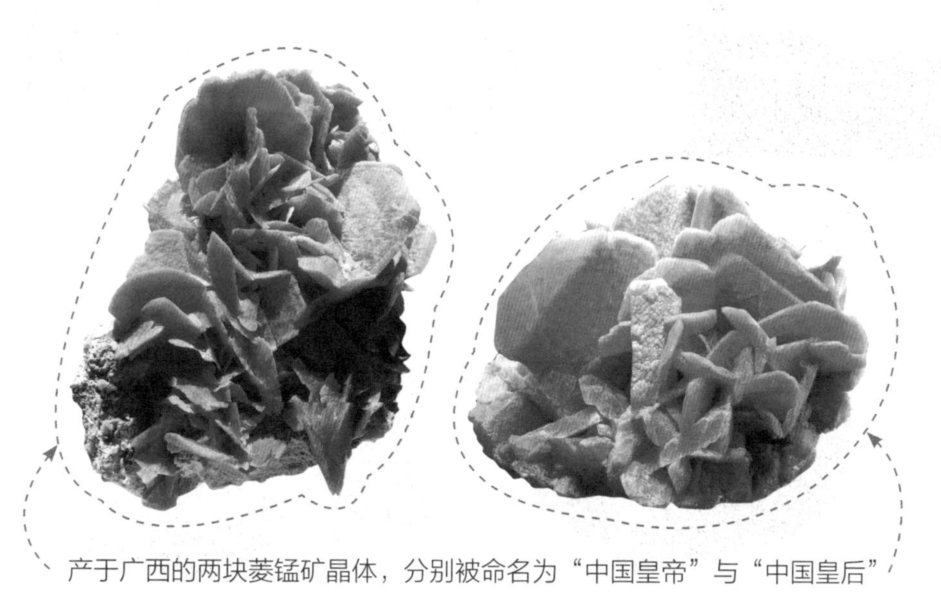

产于广西的两块菱锰矿晶体，分别被命名为“中国皇帝”与“中国皇后”

1873年，美国科罗拉多州有一座名为“甜蜜之家”的矿山开始开采银矿，在采矿的过程中，工人们经常会发现一些小块的红色菱锰矿晶体，但它不利于银的冶炼，所以在采矿时都被工人们抛弃了。到了20世纪60年代，银矿资源枯竭，“甜蜜之家”矿山被迫关闭。后来，随着经济的发展和人们生活水平的提高，越来越多的人喜欢收藏矿物标本，美国的一位商人发现了这个商机，并想起了已经关闭的“甜蜜之家”矿山，于是就花费重金租下该矿山，并于1991年重新开采，专门寻找菱锰矿晶体。此后，这里挖掘出许多精美的菱锰矿晶体，受到世界各地矿物收藏家的青睐。

带有条带状花纹的菱锰矿

产于美国“甜蜜之家”矿山的菱锰矿晶体

异极矿

异极矿是一种硅酸盐矿物，通常为白色，有时为迷人的蓝色或绿色。这种矿物具有非常显著的热电性和压电性，也就是说当它被加热或受到压力的时候可以在晶体两端产生电荷，而且是一端带有正电荷，另一端带有负电荷，电荷相异，所以被命名为“异极矿”。

异极矿颜色鲜艳，魅力无限，如蔚蓝的天空一般沁人心脾，再加上它如同玻璃一样的耀眼光泽和适度的硬度，既可切成宝石，也可做成玉雕材料。虽然它在美国、德国、墨西哥、澳大利亚等多个国家都有分布，但绝大部分用于工业领域，只有墨西哥北部的奇瓦瓦州和杜兰戈州产出的异极矿可以达到宝石级，但在我国的相关规范中，异极矿不是宝石，而被列为玉石之中。

云南省文山壮族苗族自治州所产的异极矿呈现出美丽的天蓝色，颜色鲜亮，造型独特，被业内人士誉为“中国蓝”，极具收藏和观赏价值。专家研究发现，异极矿的蓝色源于其中所含的铜元素，铜离子替代了其中的锌离子，替代的数量越多，

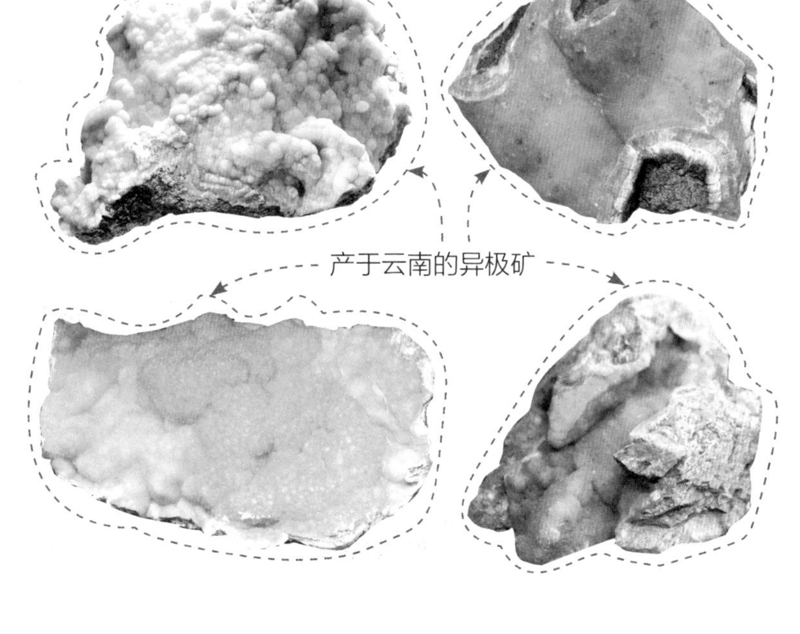

产于云南的异极矿

异极矿的蓝色就越鲜艳。

由于异极矿硬度偏低，难以抵挡外界磕碰，而且异极矿在长时间高温或暴晒下易失去其中所含的结晶水，从而导致颜色变浅，失去明亮的玻璃光泽，因此需要收藏者小心呵护。

海纹石

海纹石不仅有着海洋般的蓝色，还有惟妙惟肖的白色浪花，将其轻轻拿起对准太阳光线观察，只见它微微透明，就像是潜入海水中仰望海面一样，眼前是一片波光粼粼，给人以无限遐想。

从矿物学角度来看，海纹石属于针钠钙石，是硅酸盐矿物的一种，针钠钙石在一些火成岩中较为常见，广泛分布于世界各地，如加拿大魁北克省、美国新泽西州、俄罗斯科拉半岛以及印度的马哈拉施特拉邦等地。通常情况下，针钠钙石为无色、白色、淡粉色或淡绿色晶体，蓝色晶体极为罕见。

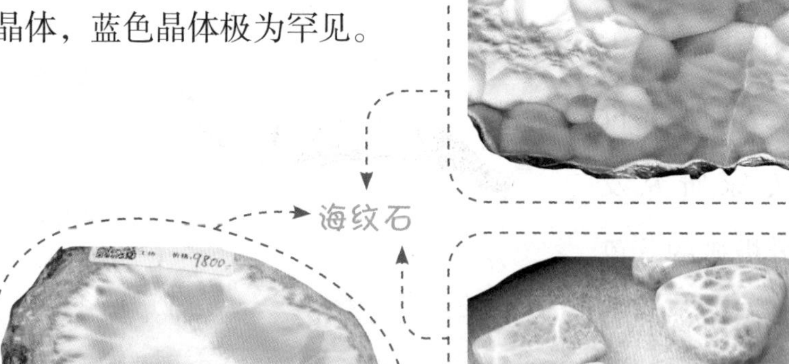

海纹石特殊的蓝色加上白色条纹赋予了它独特的魅力，让它从平淡无奇的针钠钙石中脱颖而出。有学者认为海纹石的蓝色应归因于铜元素和钒元素，也有学者认为海纹石并不是一种单纯的矿物，而是矿物集合体，其中的蓝色来自于别的矿物成分，比如铜蓝。

迄今为止，多米尼加共和国的巴奥鲁科山脉是宝石级海纹石的唯一产地，矿区面积大约只有 15 平方千米的范围，产量非常稀少。最近几年，海纹石才开始出现在我国矿物晶体收藏界，人们对它了解甚少，究竟如何评价海纹石的优劣也没有统一的标准，一般认为亮蓝色的品质最高，蓝色基底与白色浪花反差越强烈就越好。海纹石虽然美丽，但略显脆弱，它的硬度中等，需防止磕碰，而且它对光照和热源较为敏感，不宜长时间暴露在光照和热源旁，以防褪色。

蓝铜矿

蓝铜矿是一种铜的碳酸盐矿物，以浓郁的蓝色而著称。有学者认为，质地优良的蓝铜矿晶体可作为宝石材料。纳米比亚的楚梅布就曾发现过长达 25 厘米的蓝铜矿单晶体，但实际上蓝铜矿单晶体极为少见，多为矿物集合体。而且，蓝铜矿硬度较低，易于损毁，并不适宜用作珠宝玉石，如果作为观赏矿物则具有很高的审美价值。

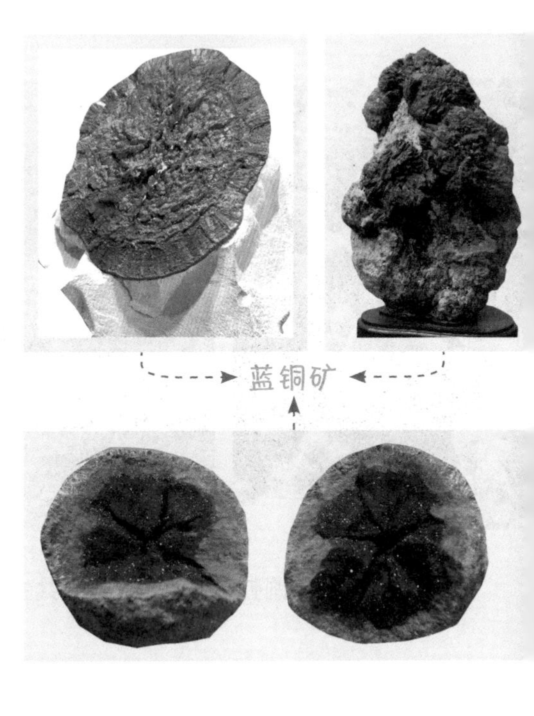

我国广东阳春石菉铜矿是著名的蓝铜矿产地。在铜矿开采过程中，有人发现矿石中出现了一些蓝铜矿，蓝色板状晶体构成的花瓣状晶簇恰如绽放的花朵，令人爱不释手。但当时人们觉得它没什么用，就直接扔进炼铜炉里去了。后来，原地质部地质博物馆标本厂的有关专家听说这件事之后，不惜重金把一批蓝铜矿标本收购回去加以保护。如果你有机会去参观中国地质博物馆，在矿物岩石厅的门口还能看到这些美丽的标本。

在美国亚利桑那州的图森市每年都会举办一届国际宝石与矿物展销会，而且每年都会选定一种矿物作为展销会的主题矿物。1991年第37届展销会的主题矿物是蓝铜矿，来自世界各地的蓝铜矿齐聚于此，争奇斗艳，极大地提高了它在矿物晶体收藏圈子里的知名度。

蓝色的蓝铜矿与绿色的孔雀石共生

白钨矿

自然界中关于钨的矿物有 20 多种，主要用途是冶炼金属钨，白钨矿属于其中之一。白钨矿又名钨酸钙矿，晶体形态为近乎八面体的四方双锥，但完整的晶形较少见，常见的是不规则粒状矿物，多为浅黄色、橘黄色或浅褐色，透明至半透明。

白钨矿，产于四川雪宝顶

单从外观上看，白钨矿与石英略相似，但白钨矿具有发光性，在紫外光线的照射下可发出浅蓝色荧光，石英则没有这种性质。在找矿过程中，地质工作者利用白钨矿的荧光效应，在夜间用手提紫外光灯照射，就能查明岩石中是否有这些矿物。此外，透明的白钨矿对光线具有很高的折射率和色散度，也就是说具有较为强烈的“火彩”，国外曾有人将它作为钻石的替代品。1917 年人工合成白钨矿晶体实验成功之后，加入其他微量元素可使白钨矿的晶体颜色更加多样，可直接作为钻石的仿制品出售。

我国四川省松潘县与平武县交界地带有一座名为雪宝顶的山峰，这里出产的白钨矿不仅晶体块头大，而且晶形完美，色泽纯正，颜色呈橘黄色，被认为是世界上最好的白钨矿。2009 年 1 月被载入吉尼斯世界纪录的“世界上最大的白钨矿晶体”即产自这里，它长约 40 厘米，宽约 15 厘米，高约 30 厘米，现存于山东省天宇自然博物馆。

橘黄色白钨矿与浅蓝色海蓝宝石、白云母共生，产于四川雪宝顶

磷氯铅矿

铅是我们生活中最常见的一种金属材料，它以自身柔软、致密的物理性质而得到广泛应用。人类开采的含铅矿物主要是方铅矿，地质学家在方铅矿的表层氧化带上发现一种颜色鲜艳的矿物，有些为青翠的草绿色，有些略带黄褐色，这就是磷氯铅矿。由于磷氯铅矿的颜色惹人喜爱，而且晶形与众不同，通常为顶部凹陷或中空的六方柱状，大量晶体聚集在一起形成的晶簇具有一定的观赏价值，因此受到许多矿物晶体收藏家的青睐。

磷氯铅矿要成为炙手可热的观赏石，必须满足一定的条件。通常要求矿物标本的晶体粗大，光泽较强且具有一定的透明度，没有裂痕及其他缺陷，最重要的是色彩鲜艳，通常深绿色或草绿色的磷氯铅矿晶体比黄色、褐色、白色的价值更高。

磷氯铅矿

因为磷氯铅矿与方铅矿的关系密切，所以地质工作者通常将它们作为寻找铅矿的标志。如果在储量足够大的情况下，还可以直接将它们作为铅矿使用。加拿大、墨西哥、德国等国家都有比较著名的磷氯铅矿产地，我国的一些博物馆内也有相关藏品，主要产自广西恭城瑶族自治县。

“沙漠玫瑰”

在撒哈拉大沙漠北部的突尼斯境内有一座吉利特盐湖。很久以前，这里曾是地中海的一部分，后来，在长期炎热干旱的气候影响下，变成了世界上最大的沙漠盐湖。它长约250千米，宽约20千米，总面积约 7000 平方千米。尽管面积广阔，水量却不多，其中还覆盖着厚厚的盐层，甚至有人可以驾车穿过整片湖泊。当地人不仅从盐湖中采盐，他们还发现湖中盛产一种五颜六色的“玫瑰石”，便专门采集出来作为纪念品卖给来自世界各地的游客。这些“玫瑰石”颜色多样，有土黄色的，有乳白色的，还有浅蓝色和粉红色的；花瓣大小不一，小的仅有几厘米，大的可达二三十厘米，中间厚，边缘薄，呈片状或扇形，一层层绽开，彼此间互有穿插，排列得十分紧凑。

“玫瑰石”真的是玫瑰花的化身吗？当然不是。虽然它与玫瑰花的形状十分相似，但有一个显著的区别——它们都没有叶子和刺。因为“玫瑰石”并不是植物和沙子结合的产物，而是一种以石膏为主的矿物。

距今数万年前，原本存在于沙漠中的盐湖被流动的沙丘覆盖，炽热的阳光烘烤着大地，地面温度不断升高，盐湖中的水分透过砂粒间的空隙被蒸发出来，其中的硫酸钙晶体慢慢结晶，就形成了板状的石膏晶体。由于盐湖的含盐度在蒸发过程中不断变化，所以石膏的结晶过程并不均匀，导致形成的晶体大小不一。这些晶体按照形成的先后次序聚集在一起，彼此交叉，恰似玫瑰花朵一样，因此被称为“沙漠玫瑰”。

石膏结晶的过程极其缓慢，长成“一束花”至少需要上万年时间。如果盐湖中的石膏比较纯净，形成的“沙漠玫瑰”洁白无瑕；但它们绝大部分都含有少量方解石和石英等其他矿物成分，致使“沙漠玫瑰”的颜色常常发生一定的变化。例如，氧化铁的混入使得“沙漠玫瑰”变成深棕色，看起来仿佛生锈一般，光泽也比较暗淡。

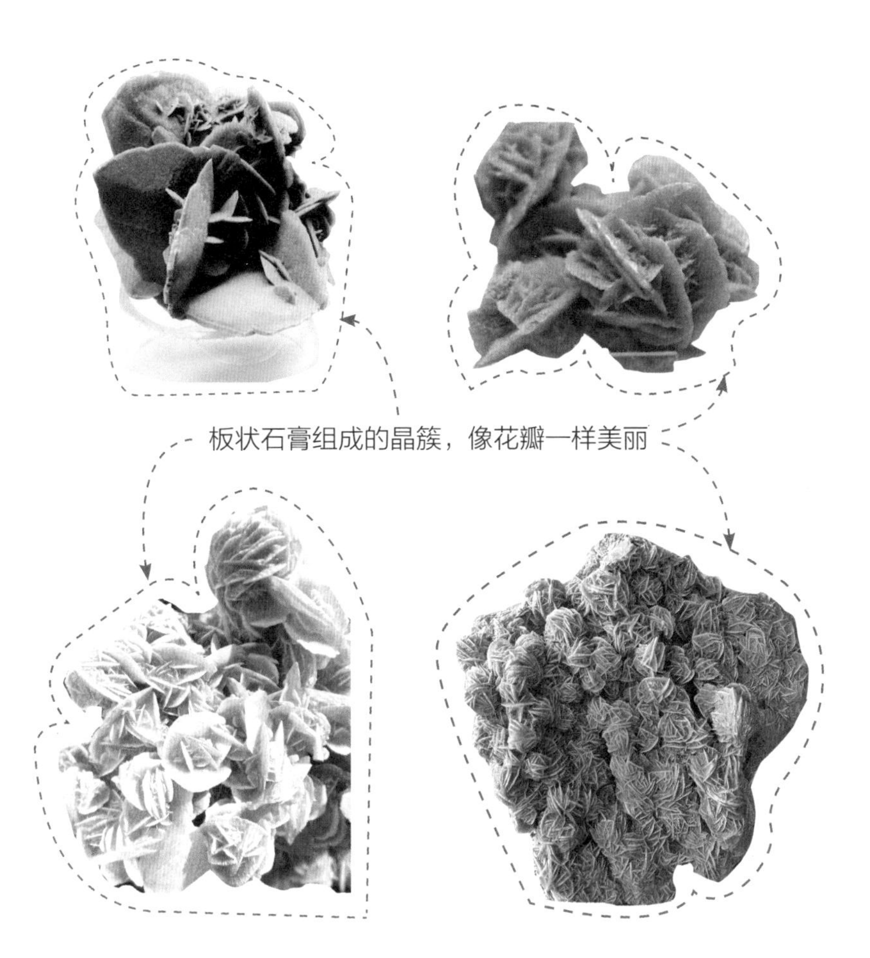
板状石膏组成的晶簇，像花瓣一样美丽

目前，世界上著名的“沙漠玫瑰”产地包括突尼斯、摩洛哥、纳米比亚、阿尔及利亚、美国和墨西哥等，我国内蒙古境内的乌兰布和沙漠、腾格里沙漠和巴丹吉林沙漠也有产出。虽然人们称赞它像花儿一样美丽，但与其他观赏石不同的是，“沙漠玫瑰”的历史比较短暂，还没有形成足够丰富的文化底蕴。更重要的是，石膏的硬度很低，莫氏硬度仅为2~3，极其脆弱，也不能水洗，几乎不能进行任何后期加工，通常只能把采集到的原石进行简单的清理后配以底座，作为摆件。所以，有收藏专家认为，“沙漠玫瑰”虽然是赏玩佳品，但升值空间不大。目前，“沙漠玫瑰”在市场上的售价多则几千元，少则几百元就能购得一块。

在收藏家眼里，那些体积庞大、颜色纯净、花朵稠密、花瓣完整的“沙漠玫瑰”才是珍品。还有一些商家正在逐渐开发它的价值，专门选用一些体积较小却形态规则的晶体做成胸针、耳坠等首饰，倒也别有一番意趣。

值得注意的是，地球上并非只有石膏矿物能够形成“沙漠玫瑰”，重晶石（化学成分为硫酸钡）的晶簇也时常形成花瓣状。另外，还有少量石英、方解石、菱锰矿、辉锑矿及镜铁矿等矿物晶簇偶然呈现出花朵状，虽然形态不如石膏质地的“沙漠玫瑰”逼真，但在自然界中比较少见，也深受收藏家的喜爱。

重晶石的花瓣状晶簇

国宝迷踪

1. 和氏璧是块什么玉

和氏璧堪称我国历史上最贵重的玉石，而它的发现者卞和则堪称最执着的爱玉之人。从他 20 岁时发现和氏璧，到年近 70 岁时终于被认可，历经了三代帝王，并让他承受了被砍去双脚的重刑，却仍未动摇他对和氏璧的执着信念。

史书记载，春秋战国时期的楚国有一位名叫卞和的人，他在山中采到一块玉石，先献给了楚厉王，但楚厉王不识宝玉，以欺君之罪砍断了他的左脚。卞和后来将玉石献给了继位的楚武王，又受到同样的酷刑，被砍去右脚。最后卞和的执着感动了楚文王，楚文王派高明的玉匠剖开玉璞，经鉴别后发现它的确是块宝玉，命人雕琢成璧，赐名和氏璧。

然而，几千年之后，稀世珍宝和氏璧已经消失在我们的视野中，或许它真的是被大火焚毁，抑或是仍然隐藏在某个不为人知的角落里，总之，我们无法看到它的真面目了。时至今日，无数玉器爱好者依然对这件宝物充满了好奇。它究竟是什么玉石呢？现如今我们还能不能再找到这样的一块相似品呢？

离奇的身世

历史上对和氏璧外观的描述十分稀少，据说唐末五代道士杜光庭见过和氏璧，他在《录异记》中记载，从不同角度看和氏璧，会看到不同的颜色。有学者据此认为，和氏璧应该是一块白色的欧泊。

欧泊的矿物学名称为蛋白石，主要成分是含水的二氧化硅，含水量通常为5%~10%。它和石英、玻璃的主要成分都类似，是由硅酸盐矿物分解产生的硅酸溶胶慢慢沉淀而成，常常在火山区的温泉沉积物中、火成岩的气孔或裂隙空洞中形成。它最大的特点就是在宝石转动时，颜色会在乳白色、黄色、深蓝、淡蓝、深绿、深紫等色彩之间来回变化，所以欧泊被称为宝石家族中的“色彩之王”。

但是，和氏璧产自荆山（今湖北省襄阳市南漳县内），又称“荆玉”“荆碧”，所以后来有学者认为，和氏璧可能是绿松石，迄今为止湖北省仍然是我国最主要的绿松石产地。

欧泊

可能是月光石

我国近代地质学家章鸿钊在《石雅》一书中对和氏璧的材质进行过探讨，他认为和氏璧应该是月光石。月光石是长石矿物的一种，因其表面朦朦胧胧，如同微微泛起的月光而得名。1984 年，有学者经过调查研究后提出，和氏璧就是月光石，产于湖北省南漳县西部，那里就是当年卞和发现和氏璧的地方。这种观点得到了许多专家学者的认可。2005 年 6 月出版的《地质大辞典》中也明确指出：“我国战国时代一块很出名的璧玉——和氏璧，就是一块美丽的月光石。”

但是，也有学者对此说法提出质疑，认为和氏璧的发现过程表明它原来包在普通石头中，即所谓的“璞”，也就是说从外表上看不出来它是块美丽的璧玉，只是剖开之后才为人们所认识，这与月光石的特点不太符合。如此一来，原本即将被解开的和氏璧身世之谜又被蒙上了神秘的面纱。

月光石

2. 玉玺偏爱哪种玉

玉玺是封建王朝皇帝发布命令的重要凭证，是国家最高权力的象征。玉有上百种，究竟哪些玉石才是制作玉玺的最佳原料呢？这需要从大名鼎鼎的传国玉玺说起。

传国玉玺之谜

公元前221年，秦王嬴政先后灭掉六国，完成统一大业。为巩固皇权，秦始皇命人制作一方玉玺，命丞相李斯篆上“受命于天，既寿永昌”八个字，并规定只有皇帝的印才能称为玺，其他官员和百姓的印章一律称为印。从此之后，这方玉玺便成为镇国之宝，被后世称为传国玉玺。不料，强大的秦帝国仅仅维持了短短十几年的时间便土崩瓦解，象征着皇权的传国玉玺亦开始了颠沛流离的历程，它曾几次更换主人，历经波折，最终竟然神秘地消失了。此后，传国玉玺失踪之谜成为我国历史上最具有传奇色彩的谜团之一。

改朝换代的封建帝王总是想方设法寻找传国玉玺的下落，也不时地出现“玉玺重见天日”的闹剧甚至骗局，但最终都无疾而终。清代乾隆三年（1738年），人们在江苏宝应县疏通河道时偶尔挖到一方玺印，当地官员怀疑这就是传说中的传国玉玺，立即进献给乾隆皇帝。但是经乾隆考证，这方玺印根本就不是玉石做的，显然不是传说中的传国玉玺。

历史学家关心的是传国玉玺究竟去了哪里，矿物学家更关注的则是它究竟用了哪种材质。由于史料中很少有关于传国玉玺所用原料的描述，我们也只能从它的产地进行推测。其中流传最广的一种说法是，传国玉玺是由和氏璧制成的，但是和氏璧本身的材质就一直存在疑问。还有一种说法认为，传国玉玺的材质为陕西省蓝田县所产的蓝田玉，矿物成分为蛇纹石化大理岩。真相究竟是什么，至今仍未破解，或许只能等到传国玉玺真正被找到的那一刻人们才能知道答案。

玺印最爱和田玉

早在战国时期，玺印就已经开始流行，所用材质主要为青铜，后来逐渐衍生出金印、银印、铜印等，使用范围因官职不同，区分比较明确。由于皇帝专用的玺与“死”谐音，在唐代武则天时改称为“宝”，故而皇帝的玺印被称为“× × 之宝”。

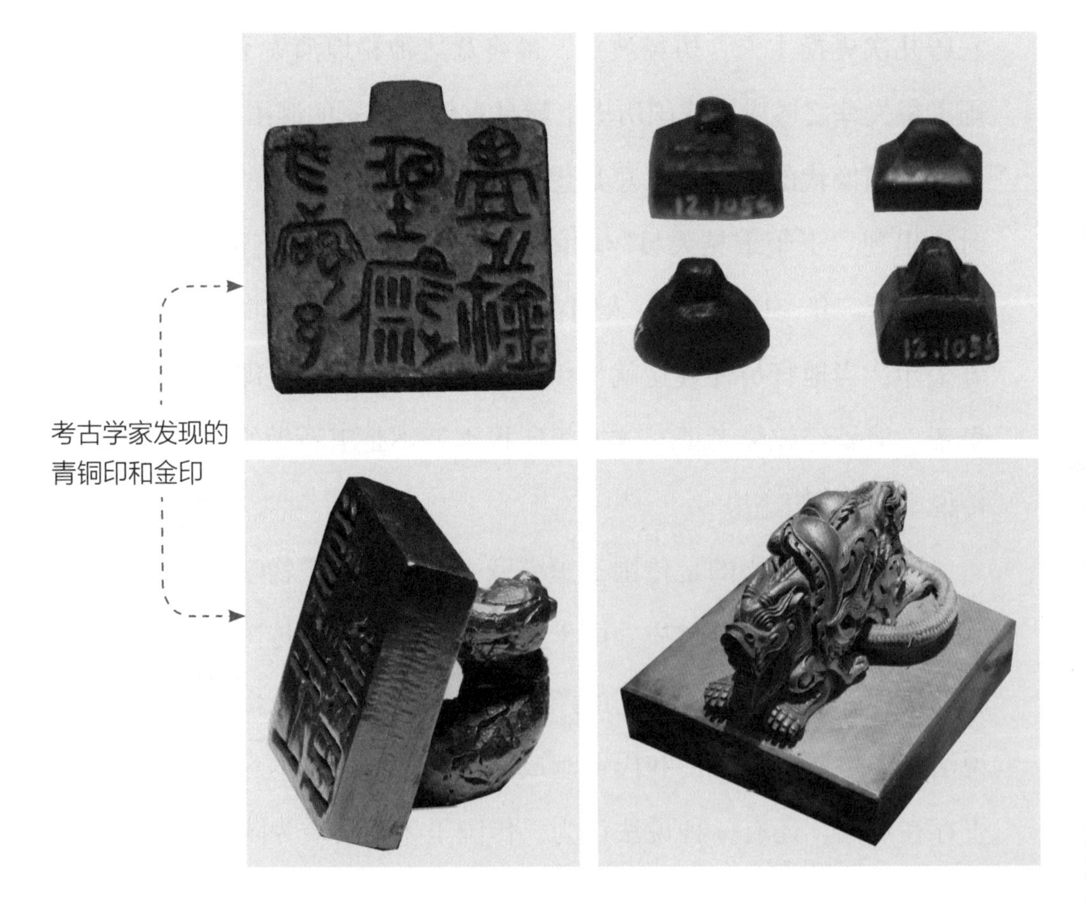

考古学家发现的青铜印和金印

古代帝王的玺印选用的材质种类其实并不多，因为它既要求材料稀有、贵重，又要足够精美，以体现皇家的威严与气派。所以，质量上乘的玉石就成了帝王制作玺印的首选材质。

自从传国玉玺失踪之后，后世相继制作了多种不同材质、不同样式和不同用途的玉玺，且数量逐渐增多。清代乾隆十一年（1746 年），乾隆皇帝发现之前的玺印种类繁多，用途混乱，于是对其进行精心挑选，钦定 25 方宝玺，分别为“大清受命之宝”“皇帝奉天之宝”“大清嗣天子宝”等，用途各有不同，这些宝玺也成为代表最高权力的御用国宝。在这些宝玺中，除了一方为金质、一方为檀香木质以及一方为岫玉质外，其余都是由白玉、碧玉、青玉和墨玉制成，都属于和田玉的不同品种。这也就意味着，在这 25 方宝玺中，和田玉占了绝大部分。

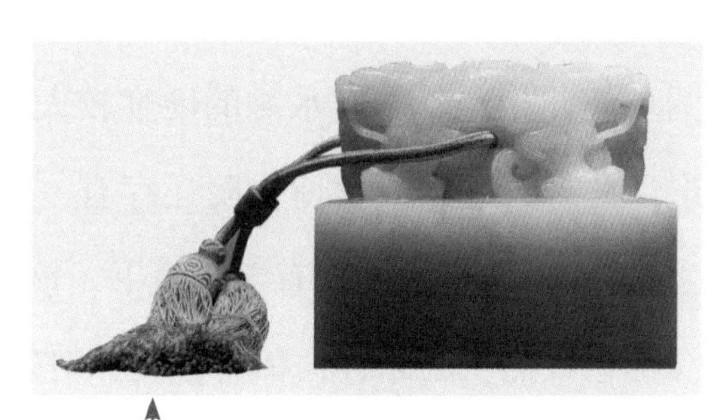

青玉交龙纽“太上皇帝之宝”，现藏于北京故宫博物院

奇怪的是，翡翠号称“玉中之王”，比和田玉更受人喜爱，为什么历史上鲜见翡翠玉玺呢？其中一种原因是，翡翠属于硬玉，而和田玉属于软玉，相比之下，用翡翠雕刻玉玺难度较大；更重要的原因在于，翡翠进入我国的历史比较短，它在清代中后期才逐渐成为名贵玉石。2010 年 10 月 7 日，在中国香港苏富比秋季拍卖会上，有一件清嘉庆御宝交龙纽翡翠玺以 7906 万港元的高价成交，同时还

有一件乾隆御宝“信天主人”交龙纽白玉玺以 1.2162 亿港元成交，刷新了玉玺及白玉的拍卖纪录。这表明历史上的确存在翡翠玉玺，但同时也表明翡翠玉玺的身价比不上和田玉制成的玉玺。

宝石玺和闲章

还有一种值得注意的现象，我国流传下来的玺印极少采用宝石作为制作原料，仅偶有发现。北京故宫博物院现收藏有一方“同治尊亲之宝”。这方玺印是连环桥纽方形玺，上面刻有汉文篆书。与众不同的是，它是用一块完整的水晶雕制而成的，上面的 5 个水晶圆环彼此相连。由于水晶的硬度较大，所以雕刻难度很大，不易成形。此外，北京故宫博物院还存有一方块头更大的墨晶狮纽“咸丰之宝”，方形，上面刻有汉文篆书。该宝玺所用的墨晶是水晶家族里深棕色或黑色的品种，稀有程度相对较高。

除了专门用于处理国事的玉玺之外，古代帝王还有很多私人印章，上面镌刻着雅号、宫室名或者一些用以自勉的名言警句等，是在书房里舞文弄墨、收藏把玩的闲章，也是我国书画艺术不可或缺的部分。这种闲章所用材质包括寿山石、青田石、鸡血石、青金石等，五花八门，不拘一格。

随着封建王朝的覆灭，曾经象征着至高无上皇权的玉玺早已失去了使用价值，褪去了神秘的面纱，逐渐走进公众的视野。它们不仅仅是历史的见证者，更是文化的传承者，在它们的背后积淀着源远流长的玉石文化和镌刻文化，等待着我们去挖掘、品味。

3. 夜光杯为何会发光

“葡萄美酒夜光杯，欲饮琵琶马上催。醉卧沙场君莫笑，古来征战几人回？”这是唐代著名边塞诗人王翰的一首《凉州词》，诗中描绘了一场边关将士豪情畅饮的宴席，在觥筹交错、鼓乐齐鸣的欢聚气氛中，流露出一种沉重感伤、视死如归的悲壮情绪。千百年来，这首诗感动着无数驻守边关的热血男儿，也让人们对西域风情生出无限的遐想。那甘醇的葡萄美酒、饮酒助兴的琵琶都是独具特色的西域特产，传入中原之后迅速融入汉族文化，唯独夜光杯后世罕见流传，给我们留下了未解之谜：历史上的夜光杯究竟是用什么材料制成的？它真的能够在夜里发光吗？

发光的萤石

关于夜光杯的最早记录，距今已有两千多年的历史了。我国西汉时期著名文学家东方朔在《海内十洲记》中记载的“夜光常满杯”即为夜光杯。虽然我们从未见过夜光杯的真实造型，但仍然能够从古人留下的文献资料中依稀想象出它大概的模样：产于西域，玉石制成，把美酒置于杯中放在月光下，酒与玉交相映衬，闪闪发亮，而且它还能吸附露水，空气中的水蒸气会凝聚成小水珠附着在杯壁上，过不了多久就会装满整整一杯，实在是令人叫绝的奇珍异宝。

提起“夜光”二字，很多人首先想到的是夜明珠。我国历史上有很多关于夜明珠的传说和文献记载，古籍《三秦记》中写道，在秦始皇的墓里挂着夜明珠，好像日月一样，无论白天还是黑夜都能十分明亮。但夜明珠究竟是什么，并没有确切的答案，大家普遍接受的说法是萤石矿物。

自然界中的极少数矿物具有发光性，当它们受到外界能量的激发，如在紫外线、X 射线等照射下，或者遭受击打、摩擦以及加热等情况下，能够发射出可见光，如金刚石、白钨矿、硅锌矿、萤石等。其中萤石最为常见，它又被称为“氟石”，是氟和钙的化合物。有些萤石中含有少量硫化砷，在白天阳光照射或经过加热之后，可以产生磷光效应，到了晚上就能慢慢地放出能量，产生微弱的光芒，并能持续数小时之久。因此，古人所说的夜明珠可能就是这种具有磷光效应的萤石。

有学者据此推断，夜光杯也可能是由一种能够发光的萤石制成的。例如，我国学者胡淼在《唐诗中的博物学解读》一书中认为，在古代的条件下要制作精美的夜光杯只能使用天然材料，应该就是萤石。在很久以前，人们就常把色彩美艳的萤石作为工艺雕刻材料。但同时他也指出，萤石再美也不过是华而不实的石头，远没有玉石坚韧、珍贵。主要原因在于，萤石十分常见，并不是什么稀罕矿物，在我国浙江、江西、福建、安徽等很多地方都有矿区，而且这种矿物的硬度较低，莫氏硬度为 4，易于被碰坏，并不适宜作为宝石。如果传说中的夜明珠和夜光杯只不过是常见且易碎的萤石，那么它的价值岂不是大打折扣？因此，从这一点来看，关于夜光杯的材质是萤石的说法就值得怀疑了。

萤石制成的工艺品

吸水的琥珀

据有关媒体报道，中国科学院的王春云博士在2008年举办的一次珠宝学术交流会上介绍，经过他的研究证明，王翰《凉州词》诗句中的夜光杯是琥珀。

琥珀是在几千万年以前的地质历史时期，松柏科植物分泌的树脂被掩埋在地下后，经石化作用而形成的有机宝石，主要成分是碳氢化合物。琥珀质地很轻，密度只有1.06~1.07，略大于水，被称为“世界上最轻的宝石”。王春云认为，夜光杯自身不会发光，所谓的夜光应该来自杯体本身产生的透过光，即当夜光杯斟酒后，月光、灯光或火光透过杯壁与酒色相互映照而呈现夜光的光彩。由于琥珀具有较强的吸水性，在吸附液体后显得“汁甘而香美”，符合夜光杯的特性。而且，考古学家曾经出土过琥珀做成的酒杯，例如 1821 年在英国布莱顿附近的古墓穴中发掘出来的后茯琥珀杯，就是由一整块血红色琥珀雕刻而成。

然而，琥珀的硬度更小，莫氏硬度为 2.0~2.5，还不及萤石，与人的手指甲硬度差不多，这也就意味着，有些琥珀能被手指甲划出痕迹。尽管它十分美丽，很早以前就被人们用来制作各种饰品，但是用这种材料做成的酒杯显得既轻又软，容易遭受破坏。因此，关于夜光杯的材质是琥珀的说法也仅仅是一家之言而已。

琥珀制成的茶具

或许它是祁连玉

目前，主流的观点认为，流传千古的夜光杯应该产自甘肃酒泉。

据有关学者考证，夜光杯早在西周时期就是名贵的贡品，选用的材质是产自新疆的和田玉，只因当时进贡路途遥远，夜光杯常有损坏，后来人们就把采集到的和田玉运送到酒泉（古称肃州）进行加工雕琢，再后来和田玉断供，干脆就在当地的祁连山开采一种新的玉石用来制作夜光杯。

这种新的玉石因产于祁连山而被称为“祁连玉”，又称“酒泉玉”，以蛇纹石为主要矿物成分。其实，在我国琳琅满目的玉石大家族中，除了酒泉玉之外，还有很多都与蛇纹石有关，例如辽宁的岫玉、新疆托里县的蛇绿玉等，它们的主要成分都是蛇纹石，只是其中所含的次要矿物不完全相同，所以在颜色、光泽、透明度、纹理等方面有所差异。酒泉玉的典型特征是暗绿色中有黑斑和不规则黑色团块，可区别于其他玉种。

但是，祁连玉本身并不会发光，那夜光杯的名字从何而来呢？有专家利用光线的折射原理进行解释。首先，祁连玉做成的酒杯要如同鸡蛋壳一样薄，使它具有一定的透明度，当它斟满酒之后，月光、灯光或火光斜射到酒水表面，光线就会发生折射，从而到达杯子底部，形成亮光的效果，让人误以为酒杯自身会发光，故而得名“夜光常满杯”，意思就是杯满才会有光。

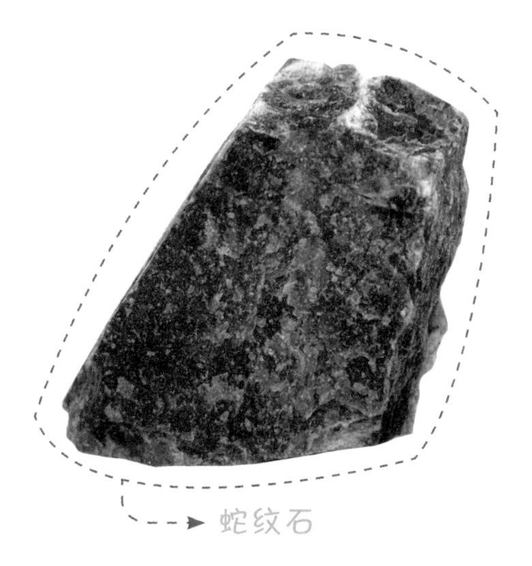
蛇纹石

夜光杯的身世之谜还未完全破解，但历史的光环给它带来新的生机，如今它正以崭新的姿态走进人们的视野，成为人们青睐的手工艺品。而色彩斑斓的祁连玉也渐渐作为著名的观赏石和雕刻玉料走进千家万户。

祁连玉雕件

4. 世上真有香玉吗

说到香味，大家会不由自主地想到花朵的芳香、奶油的香味以及红烧肉的味道。或许你想不到，自然界中有些石头也能刺激你的味蕾。传说中有一种玉石能够持续散发香味，这就是神秘的香玉。

香玉是否真的存在？如果世上真有香玉，那它究竟是什么岩石呢？

真假难辨的香玉

中国的玉石文化博大精深，不仅玉石种类繁多，就连与玉有关的汉字都多达几十个，诸如“琼、瑶、珺、琳、瑾、瑜、琮”等，分别指代不同形状或不同材质的玉石，古典、文雅而又寓意美好。相比之下，“香玉”二字略显简单直白，却更能凸显美玉与众不同的特点——香气四溢、沁人心脾。

关于带有香味的玉石，的确有历史记载。唐代学者苏鹗在《杜阳杂编》中写道，唐肃宗曾经赐给当时权倾朝野的宦官李辅国两个香玉制成的辟邪（我国古代传说中的一种神兽，似狮子而有翅膀），高一尺五寸，玉石的香味在数百步之外都能闻到。然而，《杜阳杂编》毕竟只是一本笔记体小说，书中记载的都是宫廷轶事、海外异闻、奇技宝物等，尽管后来有很多书籍都收录了这则故事，但其真实性仍值得怀疑。

清代著名学者纪昀曾直言不讳地说《杜阳杂编》中记载的香玉辟邪很荒唐。但他接着又说他的外祖母有一块青玉的扇坠，据说是从明朝的内廷里偷出来的，玉坠的做工很简朴，按照原石的形状雕了两条螭龙，上面有几处血斑，看起来如同融化的蜡油，用手搓热玉坠，能闻到沉香的气味，如果不搓热，就没有味道。于是，纪昀判断李辅国的香玉也应该是这样的材质，只不过被记事的人夸大其词罢了。

纪昀说得有理有据，应该比较可靠。但他所说的香玉究竟是什么材质，仍然语焉不详。从他的描述中推断，这很可能是一种琥珀。琥珀是几千万年前松柏科植物分泌的树脂形成的化石，而树脂是一种碳氢化合物，属于有机物，如果我们用手或纸摩擦琥珀表面，或用火烫，然后放在鼻子下就能闻到一股淡淡的松香味。琥珀的这些特征都与纪昀所描述的香玉有相似之处。

神奇的“飘香石”

在陕西省与四川省交界处有一座米仓山，是大巴山的支脉之一，它自西北向东南延伸，海拔为1500~2000米。传说这里出产一种奇怪的石头，当你把它清洗干净放到鼻子下面，就能够闻到一股淡淡的香味。为了破解米仓山“飘香石”的秘密，地质专家曾专门走进大山深处进行实地调查。他们在溪流旁边发现一种墨绿色石头，竟然真的带有一种特殊的香味。实验室鉴定结果显示，这是一种特殊的变质岩，名为“蛇纹石化大理岩”。

蛇纹石化大理岩

用蛇纹石化大理岩（绿色部分）雕刻的工艺品

我们都知道，要想闻到香味，前提条件是这种物质能挥发出分子。当一些极微小的芳香物质飘散到空气中，与我们的鼻腔接触，经过大脑的分析处理，我们就能感觉到香味。容易挥发产生香味的是有机物，所以我们生活中常见的天然香料有的是取自某些动物的分泌物，例如麝香、灵猫香、海狸香、龙涎香等，更多的则是用某些植物的花、叶、果实、种子、根、茎、树皮或分泌物加工而成，例如玫瑰、薄荷、茴香、薰衣草等。而岩石是致密的无机物，一般不会挥发分子，所以岩石产生香味是不大可能的。

但是，米仓山的蛇纹石化大理岩能够自带香味，专家认为这与当地环境有关。米仓山植被茂密，植物产生的芳香类有机物覆盖在岩石表面，在适当的温度、压力及覆盖条件下，逐渐渗入到岩石中间极其微小的孔隙内，历经成千上万年的漫长时间，把石头染上香味也就顺理成章了。

其实，对于这种现象，早在180多年前就已经有了正确的认识。清代道光十九年（1839年），浙江杭州有一位名叫陈性的学者编纂了一本《玉纪》，书中根据收藏家鉴定玉器的心得记录了我国历史上曾经出现过的许多古玉，其中就包括香玉，说它如同奇南香（一种产于亚热带地区的香木）的味道，之所以出现香味，是因为玉石埋在土中，因天长日久而沾染了周围的香味，并不是玉石自身的气味。而且，他还进一步指出，如果想要感受它的香味，必须煮上一壶好茶，把玉石放置其中，就会芬芳馥郁，香气扑鼻。由此可见，此时人们已经揭开了香玉的神秘面纱，对香玉的成因给出了科学的解释。

近年来，民间收藏界开始流行一种所谓的“金香玉”，以其自带香味的奇特现象吸引人们的眼球。实际上，古代文献中并没有关于“金香玉”的记载，目前所发现的能够产生香味的石头，仅出现在川陕交界的山地。2004 年，有人在这里发现一块香石，它能够散发出奶油巧克力的味道，经鉴定，发现其中所含的矿物主要是蛇纹石。2005 年，首都博物馆收到一块重达 256 千克的珍贵赠品，名曰“金香玉石”，其实它的主要矿物成分也是蛇纹石，与米仓山的“飘香石”属于同一类型。

岩石有香也有臭

很遗憾，地球上自带香味的石头十分罕见，历史资料中记载的香玉扑朔迷离，无迹可寻。相反，自带臭味的石头却比较常见。

例如毒砂，又名砷黄铁矿，是金属矿床中分布最广的一种含砷矿物，当我们敲击它的时候能闻到一股蒜臭味。此外，还有雄黄和雌黄，彼此共生在一起，形影不离。如果这两种矿物被火灼烧，会冒出带有蒜臭味的烟雾，而烟雾中含有三氧化二砷，冷凝后形成的白色粉末状固体就是俗称的砒霜。

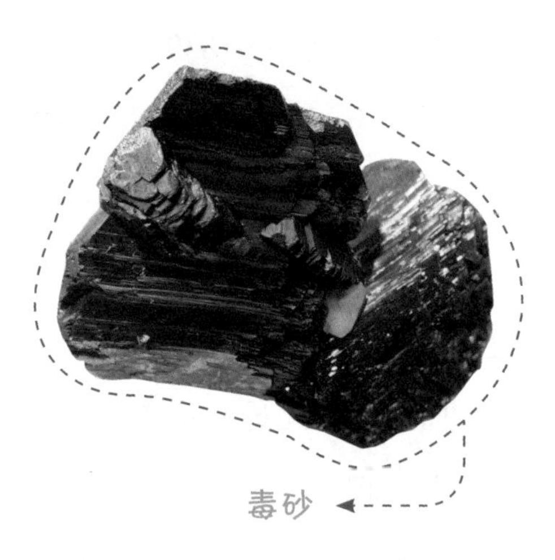

毒砂

尽管依靠气味可以帮助地质工作者鉴定岩石和矿物，但是仅仅依靠气味来寻找或辨别岩石，几乎不大可能。

为了准确判断岩石和矿物的种类，所依据的主要因素就是鉴定它们的光、电、声、热、磁力、密度、硬度、嗅味等物理特征及其

雄黄和雌黄共生，其中橘红色的为雄黄，柠檬黄色的为雌黄

化学成分特征，这需要综合多种特征才能最终给出岩矿鉴定的准确答案。其中，嗅味既包括通过舌头感知的味觉，也包括通过鼻子感受的嗅觉。可用味觉感知的主要是一些卤化物矿物和硫酸盐矿物，比如味咸的石盐、味苦的芒硝、味咸而苦涩的钾盐、微带甜涩味的硼砂等，它们通常为盐湖的化学沉积产物；可用嗅觉感知的主要就是毒砂、雄黄和雌黄等矿物，它们散发的气味不仅恶臭难闻，而且还具有毒性，因此我们千万不要轻易去闻，以免受到伤害。

5. 火浣布究竟是何物

遥远的西域是一个迷人的地方，那里不仅有着与东部地区风格迥异的壮阔美景，还有许许多多充满神秘色彩的奇珍异宝，和田玉、夜光杯、切玉刀、汗血宝马……真是让人大开眼界。传说，西域有一种不怕火的布料，只要用火灼烧，就可以去掉布上的污渍，而布料本身毫发无损，这种布被称为“火浣布”。

火浣布是否真的存在？如果世上真有火浣布，那它究竟是用什么材料制成的呢？

烧不着的宝衣

梁冀是东汉时期有名的奸臣，把持朝政近20年。一次，梁冀得到一件用火浣布制成的宝衣，他十分喜爱，穿着这件火浣衣在家中宴请朋友。席间，梁冀故意装作不小心的样子，弄脏自己的衣服；然后，将衣服脱下，直接扔进火中。大家不明就里，面面相觑。过了一会儿，梁冀从火中将衣服取出。只见衣服非但没有被烧坏，反而干净如新，原本沾上的油渍也不见了，众人赞不绝口。

由于火浣布太过不同寻常，很多人并不相信世界上真有这样神奇的面料。但是火浣布的名字经常出现在我国古代的传说故事、诗词歌赋以及历史文献中。无论火浣布的实际用途有多大，单凭它遇火不燃这一神奇特点，就足以令人刮目相看。久而久之，火浣布逐渐演变成财富的象征。史料记载，石崇是我国西晋时期的大臣，也是历史上有名的富豪，喜欢与人斗富。一次，外国进贡了火浣布，晋惠帝命人将火浣布制成衣衫，穿在身上来到石崇家里炫耀。没想到，石崇竟然让家里的50个奴仆都穿上了火浣衫，晋惠帝见了之后非常震惊，既羞愧又生气。火浣布也因此成为豪奢的代名词。

如果火浣布在历史上真实存在，那它的材质就成了一个更加令人着迷的问题。

有一种说法认为，火浣布是用一种树皮编织而成的布料。还有一种说法认为，火浣布是用一种名为“火光兽”或“火鼠”的动物皮毛制成的，产自炎洲的火林山。然而，火林山究竟是哪座山，火光兽到底是什么动物，至今仍然是未解之谜。

真相可能是石棉

火浣布之所以充满了谜团，最主要的原因在于史料中对它的具体情况着墨不多，后人只能根据它用火烧不着的特性进行推测。南宋文学家周密专门考证过火浣布的材料，他在《齐东野语》一书中记载他亲眼见过火浣布，说它的颜色呈淡黄白色，甚至还联想到了石炭也有丝，或许可以用来织布。这就给人们破解火浣布之谜提供了一种新的思路——莫非火浣布是用石头制成的？

我们知道，纺织品的原料主要有四种：动物（羊毛、丝绸等）、植物（棉花、亚麻等）、矿物（石棉、玻璃纤维等）及合成纤维（尼龙、聚酯、丙烯酸等）。其中，前三类是自然界中的天然产物，后一种是在20世纪随着化工行业的发展，人们利用石油制造出来的。取自动物和植物体内的材料主要由碳、氢元素组成，属于有机物，耐热性能较差，只有产自岩石中的矿物原料才具有耐高温的可能性。《元史》中提到有一种“石绒”可织成用火烧不着的布，指的就是这种矿物。清高宗乾隆皇帝曾做过一首题为《火浣布》的诗，就曾提到火浣布的产地是在四川越西县一带，那里有很多石棉矿。据此推断，古人所说的火浣布很可能就是用矿物原料制成的，这种矿物就是石棉。

实际上，石棉是一个商业性术语，并不指代某一种单独的矿物，而是一类可剥分为柔韧细长纤维的硅酸盐矿物的统称。按照成分和内部结构的不同，石棉可以分为蛇纹石石棉和角闪石石棉两大类。从外观上看，石棉具有如下典型特征：细如发丝，呈纤维状，长度从几毫米到数百毫米不等，最长的可超过 1 米，表面具有如同蚕丝一样的光泽，在外力作用下能显著弯曲而不断裂，具有良好的弹性。由于石棉不导电，还能隔热、保温，所以用途很广，有些管道的保温层、房顶上的水泥瓦都含有石棉材料。

历史学家认为，早在 4000 多年前，人类就开始使用石棉材料了。古人用石棉做灯芯，只要油不尽，灯就不会灭，所以石棉常被用作坟墓中长明灯的灯芯。或许正是受到火浣布的启发，电视剧《西游记》（86 版）剧组在拍摄孙悟空大战红孩儿时就巧妙地使用了石棉。由于当时特效技术还不够先进，在拍摄中只能用真火。于是，道具师就让演员穿上石棉衣，再在衣服外面涂上汽油，最后再套上戏服，这才演绎出孙悟空被三昧真火烧着的精彩一幕。

既然用石棉制成的衣服能防火，还不用清洗，为什么在现代没有流行起来呢？这是因为石棉有一个致命的缺点：虽然石棉本身并无毒害，但石棉纤维制品在发生破损之后，容易产生极其细小的纤维（粉尘），飘散于空气中。如果人们生活或工作在这样的环境中，一旦没有进行正规防护，石棉纤维被人体吸入肺中并滞留，便可能与人体内的蛋白质结合，从而造成严重的石棉肺病。目前，石棉已被国际癌症研究中心确定为致癌物。因此，现在石棉的开采和使用都受到严格管制，人们还在努力寻找更合适的替代品，以消除石棉材料造成的危害。

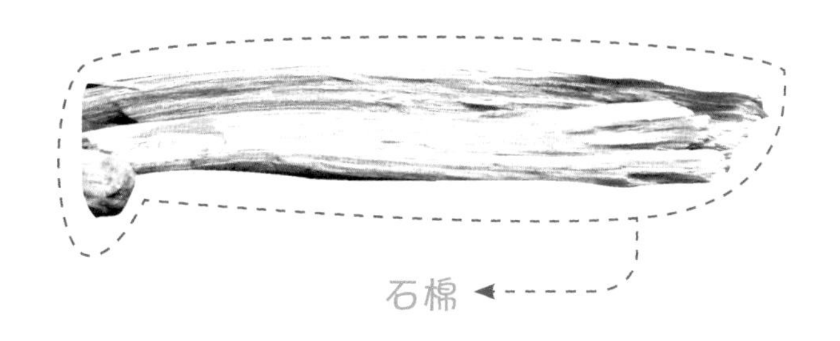

石棉

米仓山的“丝线石”

其实，浴火不焚的矿物不只有石棉，也可能是石棉的“近亲”。

相传，在陕西省与四川省交界处的米仓山有一种特殊的石头可以用来抽丝织布，制成衣服。这种衣服穿在身上不仅冬暖夏凉，而且能经受住烈火的灼烧，在灼烧时还会散发出一种如同炒瓜子的淡淡香味。

为了破解米仓山怪石的秘密，中央电视台《地理·中国》栏目组曾与地质专家一起进行过详细调查，最终证实，这种耐火的“丝线石”其实是一种纤维水镁石矿物。它细如发丝，长度可达几厘米至几十厘米，具有较好的耐碱性能，但它耐酸性较差，能溶于酸，在人体内可以被分解而不会影响健康，因此可以作为石棉的代用品。

由于纤维水镁石还具有一定的耐热性，加热至450~500℃时才会失去坚固性，在材料及化工领域具有重要用途，可用于制造耐火材料、阻燃材料、隔热保温材料等，也可以用来提取氧化镁和金属镁。

随着火浣布的真实面目被揭开，这种曾经最名贵的面料渐渐失去了神秘色彩，也慢慢淡出了人们的视线。但与之相关的矿物原材料，仍然在我们的生产和生活中发挥着耐火、隔热、阻燃的作用，延续着“火浣布”的故事。

其实，何止是火浣布，很多曾经因为稀少而珍贵的宝玉石，或许有一天都能在地质科学家的实验室里人工生长出来。随着科学的进步，人类会不断拓宽认知的边界，那时，岩石一定有更加精彩的故事，等待你们去一一打开！